分子の変化からみた世界

分子の変化からみた世界（'23）

装丁デザイン：牧野剛士
本文デザイン：畑中　猛

s-74

まえがき

私たちの身の回りの世界は，空気中の窒素や酸素をはじめとして様々な分子に満ち溢れています．バルクな物質も巨大な分子に過ぎないという立場に立てば，高温高圧の過酷な環境にも耐えて大地を形作る岩石や鉱物から，我々を含む生物を支えるいかにも繊細な糖質やタンパク質まで，実に多様な分子が存在しています．これらの分子は多様であるだけでなく，温度や圧力などの条件，別の分子との遭遇によってその姿を変えます．私たちが普段目にするありとあらゆる事柄は，そのような「分子の変化」によって成り立っていると言っても過言ではありません．本科目のねらいは，分子の変化が我々に見せる世界を，彼らの存在を意識しながら見てみようという点にあります．

このような物言いは間違いなく化学者の我田引水の適例でしょうし，世界に対する私の認識不足から来ていることも否めません．そうではあるのですが，日々見聞きしたことについて「分子に関係する側面はあるだろうか」と調べてみると，驚くほど深い関係を持つことばかりというのが偽らざる実感なのです．この驚きを皆さんと共有したい――そしてそのついでに，化学についても少し学んでもらえればなおよい――と思って作ったのがこの科目です．そういった事情もあり，本科目では通常の化学の講義では必ずしも深く扱わないテーマも意識的に取り上げています．出来上がったものを眺めてみると，分子でめぐる自然史の色合いを呈しているように思いますが，いかがでしょうか．

ちょっと興味は出てきたけど，化学なんて今まで勉強したこともないし……という方もいらっしゃるかもしれません．ご安心ください．多様で変幻自在な分子という存在をうまく手なずけるコンパクトなやり方が整備されています．先ほどの「ついでに学んでほしい化学の内容」がこのやり方に関するもので，化学熱力学と速度論と呼ばれる分野です．本科目のもう１つの特徴は，これらの基礎についても疎かにしていない点だと思います．なるべく基本から一歩ずつ学んでいけるように配慮しているつもりです．印刷教材を読んで分からなければ，ぜひ放送教材を見てみてください．高校の必修で学ぶ数学・理科を前提として学べるように工夫を凝らしています．多くの皆さんが「分子の変化」の視点を獲得し，身の回りの世界を今まで以上に魅力的なものとして眺められるようになることを願ってやみません．

2022 年 7 月
安池　智一

目 次

1　分子の変化を通して世界を見る

《目標＆ポイント》 原子論の立場から分子の多様性の起源を理解すると同時に，多様な分子を統一的な立場から整理するための基本的な考え方を学ぶ．
《キーワード》 原子論，周期表，有機化合物，無機化合物，生命分子の特別な多様性，ニュートンの親和力，○○のやりとりというアイディア

1.1　分子の多様性

我々の身の回りには空気中の窒素や酸素をはじめとして，様々な分子が存在する．バルクな物質も巨大な分子に過ぎないという立場に立てば，高温高圧の過酷な環境にも耐えて大地を形作る岩石や鉱物から，我々を含む生物を支えるいかにも繊細な糖質やタンパク質まで，実に多様な“分子”が存在する．これら分子は多様であるばかりでなく，温度や圧力などの条件，別の分子との遭遇によってその姿を変える．

我々が普段目にする多くの現象は，多様な分子とそれらの間の変化として見ることができる．本科目のねらいは，分子の変化が我々に見せる世界を，彼らの存在を意識しながら見てみようという点にある．いかにも不思議に見える現象が鮮やかに理解できることに驚くこともあるだろうし，一方で当たり前に思える現象がむしろ不思議に見えてくることがあるかも知れない．ところで，分子が多様であるということは，捉えどころがないということにもなりかねない．そのような存在を手際よく整理するための基本的なアイディアについて考えるところから始めよう．

1.1.1 基本的なアイディア

多様で変幻自在な分子を捉えるための優れたアイディアが，物質を分割していった先にあるそれ以上分割されない“原子”に基づく**原子論**である．いくつかの種類・数の原子が集まって分子が生じると考えれば，原子の種類・数・つながり方の違いに応じて多様な物質が生じうるのと同時に，分子の相互変換は原子の集合状態の変化として理解することができる．

多様な存在を前にして「その背景に何かもっと単純なものがあるのではないか」と考えるのは，我々人間の癖とでも言えるようなもので，原子論の萌芽は古代ギリシャにまで遡ることができる．Lucretius (c.99 – c.55 BC) が記した当時の原子論[1)]は

1) 万物はそれ以上分割できないもの即ち原子と空虚からなる
2) 何ものも無からは生じ得ず，かつ一旦生じたものは無に帰し得ない
3) すべての変化は原子の離合集散に帰せられる

というもので，現代化学の基本的なアイディアと全く同じと言ってよい．したがって，Lucretius の用いた「原子の組み合わせによって多様な物質が生じるのは，アルファベットの順序の違いが様々な文章を生み出すようなものだ」という趣旨の喩えは，今なお本質を捉えたものとしてその価値を失っていない．

周期表 (表 1.1) の形で元素を整理することは，原子論の枠組みに命を吹き込んだと言ってもよい．現在 118 種類の元素の存在が認められており，それらは原子番号[2)]の順に並べられている．実用上より重要なのは，同様の性質を示す元素が縦方向に並ぶように作られているということである．このことによって周期表は，元素の組み合わせからなる多様な分子の性質を整理する際の“羅針盤”となる．

---

1) ルクレーティウス著，樋口勝彦訳『物の本質について』(岩波書店).
2) 原子核に含まれる陽子数．中性原子であれば電子数にも一致する．

表 1.1　周期表

縦，横の並びはそれぞれ，族 (group) および周期 (period) と呼ばれる．

H 1																	He 2
Li 3	Be 4											B 5	C 6	N 7	O 8	F 9	Ne 10
Na 11	Mg 12											Al 13	Si 14	P 15	S 16	Cl 17	Ar 18
K 19	Ca 20	Sc 21	Ti 22	V 23	Cr 24	Mn 25	Fe 26	Co 27	Ni 28	Cu 29	Zn 30	Ga 31	Ge 32	As 33	Se 34	Br 35	Kr 36
Rb 37	Sr 38	Y 39	Zr 40	Nb 41	Mo 42	Tc 43	Ru 44	Rh 45	Pd 46	Ag 47	Cd 48	In 49	Sn 50	Sb 51	Te 52	I 53	Xe 54
Cs 55	Ba 56	Lu 71	Hf 72	Ta 73	W 74	Re 75	Os 76	Ir 77	Pt 78	Au 79	Hg 80	Tl 81	Pb 82	Bi 83	Po 84	At 85	Rn 86
Fr 87	Ra 88	Lr 103	Rf 104	Db 105	Sg 106	Bh 107	Hs 108	Mt 109	Ds 110	Rg 111	Cn 112	Nh 113	Fl 114	Mc 115	Lv 116	Ts 117	Og 118
		La 57	Ce 58	Pr 59	Nd 60	Pm 61	Sm 62	Eu 63	Gd 64	Tb 65	Dy 66	Ho 67	Er 68	Tm 69	Yb 70		
		Ac 89	Th 90	Pa 91	U 92	Np 93	Pu 94	Am 95	Cm 96	Bk 97	Cf 98	Es 99	Fm 100	Md 101	No 102		

周期表の縦の並びを族 (group) と呼び，**同族元素**は互いに似た性質を示す．周期表には 18 の族があるが，このうち第 1，2，13 族の元素 X はそれぞれ X^+，X^{2+}，X^{3+} の正イオンに，第 15，16，17 族の元素 Y はそれぞれ Y^{3-}，Y^{2-}，Y^- の負イオンになりやすい傾向がある．正負のイオン間には静電引力が働くから，全体として中性になる組成比の化合物は**イオン結合**によって安定に存在できる．このようなイオン結合からなる物質群は**無機化合物**と呼ばれ，典型的には岩石や鉱物に多く見られる．食塩として知られる NaCl は Na が第 1 族，Cl が第 17 族であることから Na^+Cl^- となって安定に存在すると考えられ，NaCl が安定ならば LiCl，KCl，RbCl，CsCl が安定であろうことも周期表を見れば即座に分かるだろう．同様に考えれば，MgO，GaN や Al_2O_3 が安定に存在することも予測できるはずだ．

1.1.2　生命に関係する分子

周期表上で左右に離れた元素からなるイオン結合性の無機化合物に対してC，H，O，N，Pを主な構成元素とする生命現象に関係の深い分子群が知られている．それらは生命現象の有機体論に由来して**有機化合物**と呼ばれる．有機化合物における化学結合は結合原子間で電子対を共有する**共有結合**が典型的であり，有機化合物の成り立ちは**原子価**という考え方で整理することができる．これは元素ごとに他の元素と結合する手の本数が決まっているという考え方で，Hの原子価は1であると考える．C，Hからなる最も簡単で安定な化合物はCH_4であるから，Hの原子価が1であればCの原子価は4となる．これらの原子価を用いると，複数知られている炭素数が2の安定な炭化水素C_2H_6，C_2H_4，C_2H_2はそれぞれ，

```
    H  H        H       H
    |  |         \     /
H - C - C - H,    C = C   ,   H−C≡C−H
    |  |         /     \
    H  H        H       H
```

という"構造"を考えることで安定に存在しているのだと考えることができる．なお，H_2O，NH_3の存在を前提にするとO，Nの原子価はそれぞれ2，3となり，Pの原子価はNと同族であることから3となる．現在，American Chemical Societyのデータベースに登録された分子の種類は1.5億を超しているが，有機化合物がその半数以上を占める．118種類ある元素のうちごく一部しか使っていない有機化合物が示す多様性の起源の筆頭として，実はこのCの原子価が4であることが挙げられるのである．炭素が結合を介して4つの原子と結合できることにより，直鎖状のつながりのみならず，分岐や環状の部分構造が許されることになり，同一炭素数の化合物にも構造のバラエティが生じうる

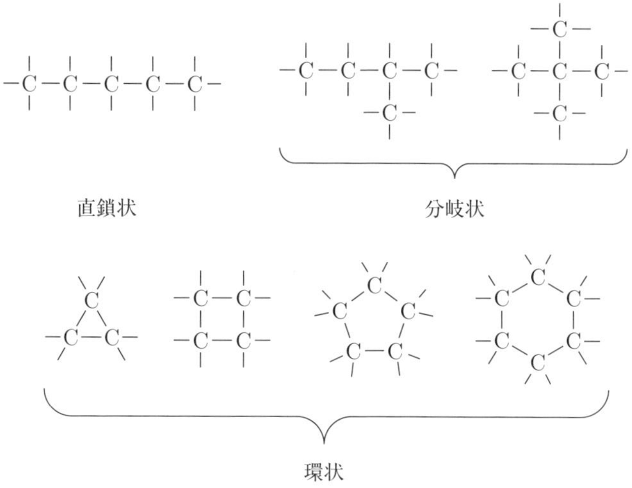

直鎖状　分岐状

環状

図 1.1　原子価 4 が生む炭素骨格のバラエティ

(図 1.1). また，炭素，窒素，酸素は多重結合を作るが，窒素は 3 重結合を，酸素は 2 重結合を作るとそれ以上つながりを増やすことができない．炭素は 2 重結合や 3 重結合で局所的な構造のバラエティを増やしつつ，さらに大きな分子を作っていくことができる．有機化合物が示す構造のバラエティの一例を図 1.2 に示す．構造が異なればその性質も様々で，香りや色，薬としての作用を持つことも珍しくない．

1.1.3　有機化合物の多様性の凄まじさ

炭素数が n の炭化水素 C_nH_{2n+2} について，炭素骨格のつながり方の異なる構造がいくつありえるかを考えてみよう．$n = 3$ までは直鎖状のただ 1 つしかない．$n = 3$ なら環状骨格もあると思うかもしれないが，この場合には，水素原子数が変わってしまうので除外する．つまり，ここで考えているのは，炭素骨格の分岐だけを考慮してどの程度のバラエ

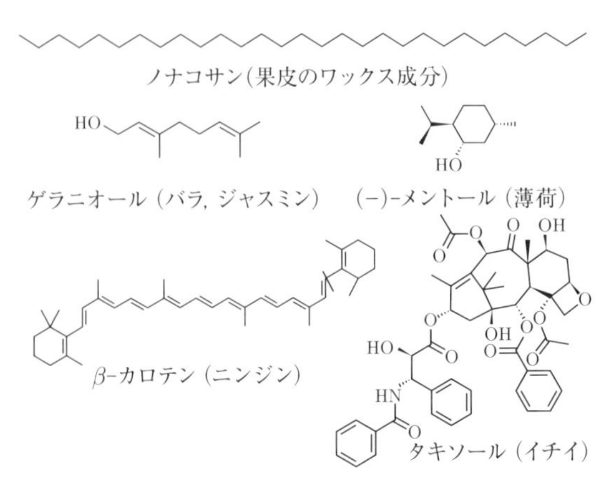

図 1.2　天然有機化合物の多様な構造

ティが生まれるかを調べてみようということである. $n = 4, 5, 6$ について条件を満たす構造を書き出してみると以下のようになる.

(a) C_4H_{10} : 2 種類

(b) C_5H_{12} : 3 種類

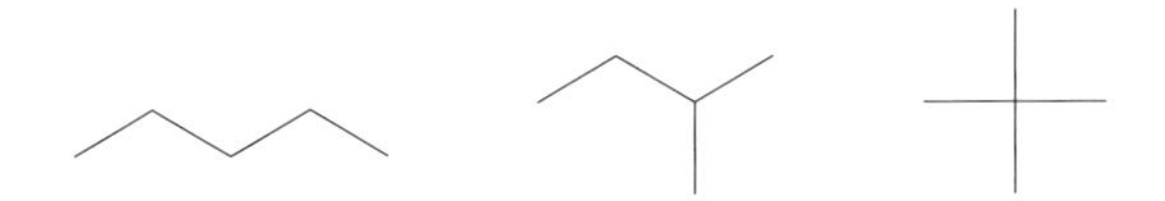

(c) C_6H_{14}：5 種類

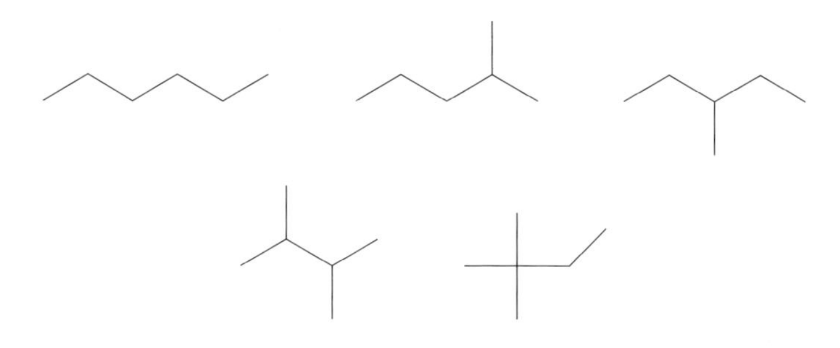

これらを見ると，炭素数と同程度の種類くらいしかないように思えるが，実はそうではない．表 1.2 に示すように，その後の伸びは凄まじい．たった 30 個の炭素原子からなる組成の限定された炭化水素が 40 億以上の異なる炭素骨格を持ちえるのである．また，水素原子数に対する条件を外すと，環状骨格や多重結合が許されるようになる．こういった部分改変にはそれをいくつ許すか，どこに許すかといったバラエティが存在するから，異なる骨格を持つ分子の数は上記の数からより一層増えることとなる．もし仮に原子価が 2 だったとすると，どんなに原子数が増えても直鎖か 1 重ループの 2 種類しか許されない．原子価 4 の効果は凄まじい．このように考えると，有機化合物が示すバラエティがいかに著しいかが分かるだろう．

表 1.2　炭化水素 C_nH_{2n+2} が取りうる炭素骨格の種類

分子式	異なる炭素骨格数	分子式	異なる炭素骨格数
C_7H_{16}	9	$C_{15}H_{32}$	4347
C_8H_{18}	18	$C_{20}H_{42}$	355319
C_9H_{20}	35	$C_{25}H_{52}$	36797588
$C_{10}H_{22}$	75	$C_{30}H_{62}$	4111846763

1.2 多様性の森にいかに切り込むか

多様な分子が生じうるということは，それぞれが様々な性質を持ち，思いも寄らない機能を果たす可能性があるということを意味する．事実，ガソリンや電池などのエネルギー源，有機 LED，我々の食料，薬，そして我々自身を含む生命現象までもが分子の働きによって成立している．ここで重要なのは，これらの働きには分子の**変化**が伴うということである．これまで議論してきたのは，どのような分子が安定に存在しうるかということである．しかしながら，我々の身の回りの世界を分子の変化の観点から理解しようと思えば，それら膨大な数の安定分子の間でどのような変化が起こるか，つまり多様性の森に隠された一定の道筋を見いだす必要がある．錬金術にルーツを持つ化学が現代化学へ進化を遂げる際に人々が目指したのもその点である．歴史的経緯を踏まえながら，その基本的なアイディアを少しだけ覗いてみよう．

1.2.1 ニュートンの親和力

『自然哲学の数学的諸原理』（略称『プリンキピア』）によって力学的世界観を確立した I. Newton (1642–1727) は，生涯にわたり錬金術にも興味を持ち，自ら熱心に実験を行っていたことは広く知られている．力学的世界観において最も重要なのは，要素間に働く力の性質である．質点間には万有引力が，また，荷電粒子間には電荷に応じたクーロン力が働く．では，物質変化の世界を特徴づける力は何であるか．この点は力学の確立者であると同時に錬金術実験を行っていた Newton も重視した問題で，『光学』（英語改訂版，1717）の Query 31 の冒頭に

「物質の微小粒子にはある能力，効能，もしくは力があり，それによって，ある距離を隔てて光の射線に作用して，それを反射，屈

Esprits acides.
Acide du sel marin.
Acide nitreux.
Acide vitriolique.
Sel alcali fixe.
Sel alcali volatil.
Terre absorbante.
Substances metalliques.
Mercure.
Regule d'Antimoine.
Or.
Argent.
Cuivre.
Fer.
Plomb.
Etain.
Zinc
Pierre Calaminaire.
Soufre mineral.
Principe huileux ou Soufre Principe.
Esprit de vinaigre.
Eau.
Sel.
Esprit de vin et Esprits ardents.

図 1.3　ジョフロアの親和力

折，回折させるばかりでなく，物質粒子同士も互いに作用し合って，自然現象の大部分を生じるのではないか．（中略）われわれは，引力がはたらく原因を究明する前に，どのような物体が互いに引き合うか，また引力の法則と性質とは何かを，自然現象から学ばなければならない．」

と記し，物質の微小粒子間に働く力について，実験事実からの帰納が必要な段階であることを述べている．『光学』をフランス語に訳した E. F. Geoffroy（ジョフロア）(1672－1731) はその訳出と同時期に，物質間の“親和力”の表を出版した (図 1.3)．現代的な表記法導入以前のものであるので，錬金術と見紛う記号によって物質が表されているが，18 世紀に入っての成果である[3]．最上段に示された 16 種の物質について，それぞれによく親和する物質を，それぞれの列の第 2 段以降にその強さの順に示してある．例えば，金属 (SM; Substances metalliques) に対しては，塩酸 (Acide du sel marin)，硫酸 (Acide vitriolique)，硝酸 (Acide nitreux)，酢酸 (Esprit de vinaigre) の順となっているが，これは現代の視点に立てば，酸の強さの順にほかならない．Geoffroy の表を先駆けとして 18 世紀には多くの親和力表が発表されたが，最も網羅的であったのは T. O. Bergman（ベリマン）(1735 – 1784) のものである．彼は塩における置換反応に注目し，置換し合う酸と塩基の相対的な能力を網羅的に調べた．例えば，

$$Ba(OH)_2 + K_2SO_4 \longrightarrow BaSO_4 + 2\,KOH \qquad (1.1)$$

という反応が起こるが，このとき $SO_4{}^{2-}$ は K^+ より Ba^{2+} に対してより大きな親和力を持つと考える．同様にして多数の酸・塩基の組み合わせに対して相対的な親和力を決定した．相対的な親和力の一覧表によって，反応の予言が可能となる．

1.2.2 “○○のやりとり” というアイディア

ベリマンの親和力はいいところに迫っている．ある特定のタイプの反応を “分子に含まれる○○のやりとり” とみなすことで，ある反応が起こるかどうかを相対的な親和力の大小で議論しようとしているからである．同時代にこの考え方に基づいて燃焼を正しく理解したのが A.-L. de Lavoisier（ラボアジェ）(1743 – 1794) である．彼は燃焼と還元を酸素原子との化合および脱離であることを明らかにした．

この観点が確立することで，古来人類が行ってきた金属の精錬を正しく理解することが可能となる．例えば磁鉄鉱 Fe_3O_4 と二酸化炭素 CO_2 はそれぞれ Fe および C の安定な酸化物であり，それぞれ

---

3) Geoffroy 自身は錬金術の用語である “親和力” という言葉の使用は避けている．

$$3\,Fe + 2\,O_2 \longrightarrow Fe_3O_4 \tag{1.2}$$

$$2\,C + 2\,O_2 \longrightarrow 2\,CO_2 \tag{1.3}$$

のような化学反応を経てできたと考えることができる．このとき，O との親和力が Fe>C であれば，

$$3\,Fe + 2\,CO_2 \longrightarrow Fe_3O_4 + 2\,C \tag{1.4}$$

の反応が起こるだろうし，O との親和力が C>Fe であれば，逆反応

$$Fe_3O_4 + 2\,C \longrightarrow 3\,Fe + 2\,CO_2 \tag{1.5}$$

が起こることになる．実際には後者が正しく，砂鉄と木炭を混ぜて加熱することで金属の鉄を得ることができる．この反応は日本で古くから行われていた「たたら製鉄」の原理になっている．

この○○のやりとりというアイディアを洗練させようと思えば，まず第一に，より多くの反応を○○のやりとりとして見ることのできる媒介物の選択が必要である．そしてそれ以上に大事なのは，その媒介物との親和性を測る客観的な尺度の導入である．

燃焼という様々な分子が起こす普遍的な反応の媒介物として，Lavoisier が酸素原子を選んだのは当時としてはベストな選択だったと言えよう．一方で，媒介物である酸素原子との親和性の尺度として何をとるべきかは，当時まだ手つかずの問題であった．

1.2.3　ほとんどの反応は酸化還元か酸塩基

酸化還元反応と酸塩基反応は，いずれも古くから知られる典型的な反応の代表例である．現代的な定義では，酸化還元反応は電子 (e^-) が，酸塩基反応はプロトン (H^+) が媒介するとしている．これにより，古く

は酸化還元反応，酸塩基反応とは思われていなかった膨大な反応がこの2つの類型に組み込まれた．ほとんどすべての反応はこれら2つのタイプの反応のどちらかと解釈できると言ってしまってもよいほどだ．つまり，多様な分子の変幻自在なふるまいを統一的に見る手立てがいまや存在していると言ってよい．

そして，ある分子が電子を惹きつける尺度，プロトンを惹きつける尺度として，何をとればよいかも分かっている．その基礎は熱力学にあり，ギブズエネルギーと呼ばれるものが最も一般的な尺度となる．次章以降で熱力学の話が続くのはそのためである．

熱力学は少々荷が重いという人もいるかもしれないが，その点も心配無用である．多様な分子を相手にするのにいちいち細かい計算なんかしていられないという先人たちが，Geoffroy や Bergman が作ったような便利な一覧表を作ってくれている．酸化還元の標準電極電位，酸塩基の $\mathrm{p}K_\mathrm{a}$ の表がそれである．これらの表を見ながら，どっちからどっちへ電子やプロトンが動くかな……ということを判別できさえすれば，多様な分子の様々なふるまいが手に取るように分かるようになる．熱力学に基づく理論的背景も説明はするが，まずはこの便利なツールを使うことから始めるとよいだろう．

1.3 学習のガイド

本科目では，分子の変化の取り扱いレシピを前半で学んだのち，後半では幅広い関連分野から分子が活躍している場面を紹介する．地球環境や生命に関するテーマから，我々人類がどう物質を利用してきたかまで，“分子でめぐる自然史”を意識した内容になっている．こんなところにも分子がいたんだ！　と楽しみながら学んでいただけばありがたい．以下に全体がどのように構成されているかを示した．今一体自分はどこに向かわされているのか不安になったら，ここに立ち返ってみるのもよいだろう．なお，導入科目ではありながら，独習向けに詳細にも立ち入った記述になっている．印刷教材を読んでいるだけではちょっと厳しいなと思った方は，ぜひ放送教材を視聴していただきたい．ここだけは押さえてほしいというエッセンスに重点を置いた説明を試みている．

1.3.1　分子の変化の取り扱いレシピ（第 2〜7 章）

第 2 章から第 4 章までは，分子の変化の取り扱いに必要な「熱力学ミニマム」とも言える内容である．分子の変化が起こったあと全体が落ち着いた状態がどのようになるかは，ギブズエネルギーと呼ばれるたった 1 つの量の変化を見れば分かってしまう．ギブズエネルギーとは何なのか，なぜそんなことが可能なのかということを段階を追って理解しよう[4)]．

第 5 章では，具体的な分子変化の時間スケールが何で決まるかを学ぶ．熱力学は平衡状態のことは教えてくれても，いつ平衡状態に到達するかは教えてくれない．多くの反応はいわゆる山登りのようなものである．登山の大変さは登山道における最高標高が決めると考えられる．この状況は分子の変化においても同様で，変化の時間スケールは最高標高に相当する活性化エネルギーの高さによって大きく左右される．

第 6 章では酸塩基反応をプロトン（もしくは電子対）のやりとりとして，第 7 章では酸化還元反応を電子のやりとりとして捉え，反応を整理する方法を学ぶ．もちろん「酸塩基反応，酸化還元反応って何だったっけ……」という方のために，どういう反応がそれらの典型であるか，そして新しい見方によってどれだけ多くの反応がこれらに含まれるようになったかもきちんと説明する．

---

4)　数式が多く一見して重たい内容が続くが，初学者の方は数式の導出は度外視して，結果の式の意味とその利用法が理解できれば十分である．うまく使えるようになって興味が出てきたら，数学や物理を少しずつ学んだのちに，もう一度見返してもらえればよい．

1.3.2 少しだけ電子の気持ちも（第 8 章）

酸塩基反応が電子対のやりとりともみなせること，酸化還元反応が電子のやりとりとみなせることからも分かるように，究極的に分子の変化を司るのは電子の動きである．そのように考えると分子の中の電子のことが気になってくる．電子の動きを気にしながら分子のことを考えるのは量子化学と呼ばれる分野になるが，第 8 章では少しだけこのような立場で見た場合の分子の変化についても考えてみる．

1.3.3 分子の変化で世界を見る（第 9～15 章）

第 9 章からは，頑張って準備した分子の変化の取り扱いレシピを駆使して，分子の変化を通して様々な現象を扱っていく．第 9，10 章では地球環境，第 11～13 章では生命現象，第 14 章では感染症と薬，第 15 章ではエネルギーおよび地球温暖化問題の克服について，分子の変化の立場から議論する．

2　分子とエネルギー

《目標＆ポイント》 物質は存在形態に応じた固有なエネルギーを持つため，化学反応や状態変化に伴って熱の出入りがある．このことは化学現象の記述に熱力学の視点が重要となることを意味する．熱力学第一法則について，必要な事項を導入する．
《キーワード》 巨視的な記述，状態量，熱と仕事，熱力学第一法則，熱の仕事等量，エンタルピー，ヘスの法則

2.1　熱力学と化学現象

熱力学の体系は，産業革命を牽引した蒸気機関の効率に関する理論的探求の末に成立した．熱力学の教科書をパラパラめくってみると，それは一見，ピストン付きのシリンダーに封入された流体という特殊な系を扱う個別性の強い議論に見える．蒸気機関ではピストンに封入される流体が“水”という代表的な物質であるにせよ，水自体の変化について何かをいう理論には見えない．事実，熱力学の理論によれば，熱機関の効率は封入される流体の性質と関係なく決まることが示されるのである．

ところで，化学現象はもちろん熱と無縁ではない．Lavoisier の“Traité Élémentaire de Chimie” (1789) における元素表に「熱素」が入っていたように，熱が物質変化に伴って出入りすることは古くから認識されていた．熱が元素であれば，物質変化を元素間のつながりの変化として理解する原子論で一元的に熱の出入りも理解できる．この段階で

は熱力学と化学は独立であると考えてよいだろう．

しかし，熱とは何かについての理解が深まることでこの状況は一変する．熱は元素のようなモノではなくエネルギーの一形態であることが判明するのだ．熱がエネルギーなのだとすると，物質変化に伴う熱の出入りは，物質変化の前後で**物質のエネルギー**が変化したことによるのだと理解せざるをえない．必ずしも関係が深いと思われなかった熱力学と化学現象は，こうして結びつくこととなる．そして熱力学は，多様な物質のふるまいが問題となる化学現象を少数の原理で整理する上で欠かせない理論的基礎を与えるに至っている．

2.1.1　熱力学とはどんな学問か

熱力学は巨視的な系における熱現象を記述する 1 つの閉じた体系である．ここでいう巨視的とは原子や分子の微視的なスケールに比べた表現で，我々の日常感覚で捉えられる現象はもれなく巨視的ということになる．常温常圧で $1\,\mathrm{m}^3$ の気体にはおよそ 10^{22} 個の気体分子が含まれている．微視的な立場からこの系を記述しようと思えば，この膨大な数の分子のふるまいすべてを把握する必要がある．しかしながらここで注意したいのは，仮にそれが可能であったとしても，我々が知りたいのは単にその気体の圧力 P，体積 V，温度 T などであって，気体に含まれるすべての分子のふるまいではないことである．気体に含まれるすべての分子のふるまいが分かっていれば，なんらかの巨視的な平均[1]によって P，V，T を計算することは可能であろうが，巨視的な情報だけで話がつけばよっぽど手っ取り早い．気体についての P，V，T と聞いて，ピンと来た人もいるだろう．いわゆる**理想気体の状態方程式**

$$PV = NRT \tag{2.1}$$

---

1)　この平均操作によって個々の分子の情報は系の記述から落ちることになる．

は，そのような巨視的な記述の典型である．ここで N は mol で表した物質量，R は気体定数[2]である．巨視的な系の微視的な記述ではなく，巨視的な系の巨視的な記述を実現したのが熱力学の体系にほかならない．

2.1.2　熱力学的な状態の記述

熱力学的な系を記述する巨視的な量を**状態量**と呼ぶ．系の状態が時間の経過とともに変化することなく一定に保たれているとき，系は**平衡状態**にあると表現される．状態量は，平衡状態にして一意的にその値が定まり，系がどのように平衡状態に達したかという経緯によらない[3]．

状態量には，同一の状態にある複数の系を考えた際，全体の状態量が部分系の状態量の和になる**示量性状態量**と，全体の状態量が部分系の状態量に等しい**示強性状態量**の 2 種類がある．前者の例としては物質量，体積，内部エネルギーがあり，後者の例としては圧力，温度，密度などがある．

系の平衡状態は，いくつかの状態量を与えることで一意に指定される．単一成分からなる気体の場合には，2 つの示強性状態量，例えば圧力 P と温度 T を与えると，他の示強性状態量はすべて決まる[4]．また，

---

2)　具体的な数値は，$8.314\,\mathrm{J/(K\cdot mol)}$．

3)　もしある量 f が状態量 x, y の関数として $f(x, y)$ のように書くことができれば，f は状態量ということになる．この場合，f の全微分

$$\mathrm{d}f = \left(\frac{\partial f}{\partial x}\right)\mathrm{d}x + \left(\frac{\partial f}{\partial y}\right)\mathrm{d}y \equiv u\mathrm{d}x + v\mathrm{d}y \tag{2.2}$$

に対して，

$$\left(\frac{\partial u}{\partial y}\right) = \left(\frac{\partial v}{\partial x}\right) \tag{2.3}$$

が成立する．このことを逆手に使うと，$\mathrm{d}f$ が $\mathrm{d}x, \mathrm{d}y$ で表現されているときに，f が状態量であるかどうかは，係数 u, v が式 (2.3) を満たすかどうかで判定可能である．

4)　このことはギブズの相律として知られている．詳しくは安池，秋山『エントロピーからはじめる熱力学〔改訂版〕』を参照されたい．

これらに加えて１つの示量性状態量，例えば物質量を与えると，他の示量性状態量もすべて決まる．

2.2 熱と仕事

2.2.1 熱とは何か

熱力学における中心概念である“熱”が何であるかについては長らくの議論があった．熱はモノなのかコトなのか，そこが問題であった．すなわち，熱の物質説と運動説である．熱が感じられるとき，そこに熱素という実体があるというのは素直で分かりやすい考え方である．しかしながら，熱には質量がないこと，手をこすっただけで発生することなどが判明し，熱はモノとしての性質を持っていないということがやがて明らかになる．最終的に運動説の方が正しいということで決着した．

もう少し正確に言えば，**熱**とは，図 2.1 の左に示したような，物質内の多数の原子や分子の無秩序な運動に伴う運動エネルギー分布と関係づけられる量である．ここで無秩序というところが重要である．同図の右に示したように，すべての構成原子が一様にある方向に動くとすると，一群の原子集団は全体として巨視的な運動を行い，我々の目に見える形

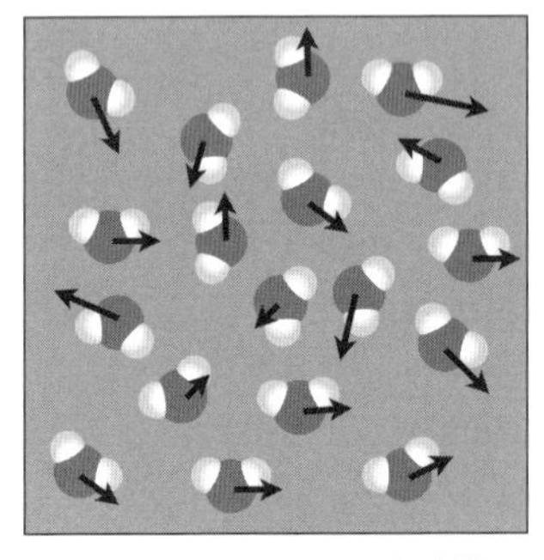
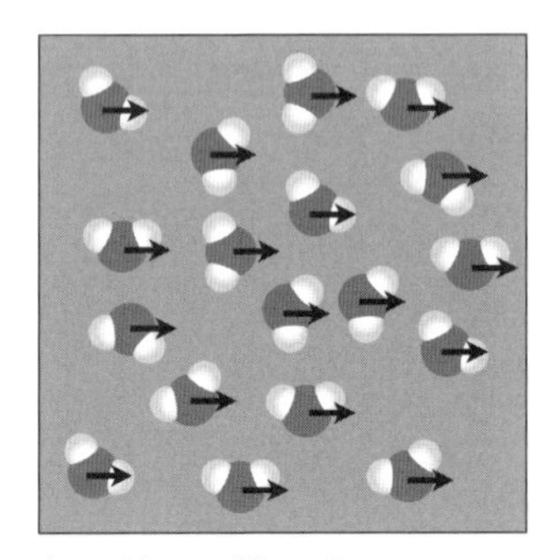

図 2.1　運動形態によるエネルギーの質の違い

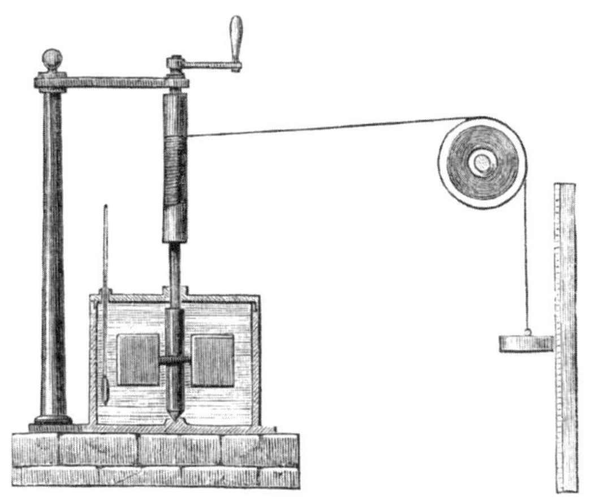

図 2.2　ジュールの実験

の仕事をしていることになる．このように考えると，熱と仕事はいずれもエネルギーの一形態であるが，その質は随分異なっているとみなすのがよいだろう．

熱と仕事がいずれもエネルギーであるとすれば，例えば 1 g の純水の温度を 1℃ 上げるのに必要な熱量 ($\equiv 1\,\mathrm{cal}$) が仕事を測るのに用いられる単位 J で何 J に相当するか——すなわち，**熱の仕事当量**を実験的に決定することができるはずである．J. P. Joule（ジュール）(1818–1889) は図 2.2 のような装置を作り，錘（おもり）の位置エネルギーを羽根車の回転に変え，水との摩擦で発生する熱を測った．錘の位置エネルギー変化 $mg\Delta h$ が加えられた Q と等しいと考えるわけである．なお，熱 Q は直接測定されるのではなく，温度変化 ΔT を通じて決定される．Q と ΔT の間には

$$Q = m \cdot c \cdot \Delta T \tag{2.4}$$

の関係がある．ここで m は水の質量，c は比熱[5] である．Joule は詳細

5)　1 g の物質の温度を 1℃ 上げるのに必要な熱量．

な実験の結果，1849 年に熱の仕事当量が 4.15 J であること，すなわち 1 cal = 4.15 J であると報告した．この値は，容器に入れる媒体によらない普遍的な値である．なお，現在広く用いられる熱化学カロリー (thermochemical calorie) の定義値は

$$\boxed{1\,\mathrm{cal} = 4.184\,\mathrm{J}} \tag{2.5}$$

で，1 g の純水の温度を 17.5℃ から 1℃ 上げるのに必要な熱量に近い．

2.2.2 熱力学第一法則

仕事も熱もエネルギーの一形態であることを考えれば，**エネルギー保存則**が成立するはずである．例えば，ある系の内部エネルギー U の微小変化 $\mathrm{d}U$ は，系に与えられた微小な仕事 δW と系に与えられた微小な熱 δQ の和になると考えられる．これを熱力学第一法則と呼ぶ．すなわち，

熱力学第一法則

系の内部エネルギーの微小変化 $\mathrm{d}U$ は

$$\mathrm{d}U = \delta W + \delta Q \tag{2.6}$$

で与えられる．ここで，δW は系に与えられた微小な仕事，δQ は系に与えられた微小な熱である．

系の内部エネルギー U とは，考えている系内の全エネルギーのことであるから，系の巨視的状態が同一であれば，同じ値をとると期待される．つまり，系がどのような状態変化を経てその状態にあるかによらない状態量であると考えてよいだろう．熱力学第一法則について注意したいのは，内部エネルギー変化 $\mathrm{d}U$ が状態量であるのに対して，系に与えられた仕事 δW と熱 δQ は非状態量であるということである．つまり，任

意の過程を考えたとき，$\delta W + \delta Q$ は過程によらず前後の状態で決まるが，各々の寄与は過程に依存する．

ここで，系としてピストンの付いたシリンダーに閉じ込められた流体を考えよう．なぜいきなりそのような系をと思われるかもしれないが，ピストンとは，シリンダー内の流体に力学的仕事を与えたり，また，流体の状態変化を外部への力学的仕事に変換できる優れたデバイスなのである．ピストンの動きが十分にゆっくりで外界の圧力と系の圧力が釣り合う**準静的な過程** (quasistatic process) を考えると，系に与えられる仕事 δW は

$$\delta W = -P\mathrm{d}V \tag{2.7}$$

で与えられる．ここで P，V はそれぞれ，外界の圧力および流体の体積である[6)]．熱力学第一法則から，ピストン付きシリンダーに閉じ込められた流体の準静的な過程については

$$\mathrm{d}U = \delta Q - P\mathrm{d}V \tag{2.8}$$

が成立する．

2.2.3　反応熱とエンタルピー

ピストン付きシリンダーに閉じ込められた流体内で反応が起こるとして，この反応に伴う熱すなわち反応熱の測定を考えてみよう．ピストンが固定されていて，体積変化がない (等積過程) とすれば $\mathrm{d}V = 0$ であり，

$$\delta Q = \mathrm{d}U \tag{2.9}$$

となる．このとき，系の熱変化は内部エネルギーの変化に等しい．つま

6)　圧縮 ($\mathrm{d}V < 0$) によって系にエネルギーが与えられることを考えれば，符号はマイナスとなることが分かる．また，ここで圧力 P は外界の圧力であることに注意．不可逆過程ではピストン内の流体は非平衡状態であり，圧力は系に一様な状態量とならない．

り，熱測定によって内部エネルギーの変化量が分かる．頑丈な容器内での熱測定は，状態量である内部エネルギーを実験的に決める手段となりうる．

一方で通常の化学実験では，ビーカーや試験管など蓋のない容器を用いて大気圧下で反応を調べることがほとんどである．この場合には，例えば溶液反応によって気体が発生したとすると，系の体積は大きく変化し，式 (2.8) の第 2 項の寄与を無視することができない．

大気圧下の蓋のない容器での実験は，圧力一定 ($\mathrm{d}P = 0$) の過程とみなすことができる．この場合には，新たな状態量 H を

$$H = U + PV \tag{2.10}$$

のように定義すると便利である．H は**エンタルピー** (enthalpy) と呼ばれる．PV はエネルギーの次元を持つから，エンタルピーもエネルギーの一種である．全微分をとって式 (2.8) を用いれば，エンタルピー変化 $\mathrm{d}H$ は

$$\mathrm{d}H = \mathrm{d}U + P\mathrm{d}V + V\mathrm{d}P = \delta Q + V\mathrm{d}P \tag{2.11}$$

となるが，等圧条件 $\mathrm{d}P = 0$ を満たすときには

$$\delta Q = \mathrm{d}H \tag{2.12}$$

となることが分かる．すなわち，等圧条件における系の熱変化は，エンタルピー変化 $\mathrm{d}H$ に等しい．つまり，通常の実験で測定する反応熱は，系の状態量としてのエンタルピーの情報を与えることが分かる．

熱測定は，反応前後のエネルギー関係を把握する上で重要であるが，上記で見たように，その測定条件によって関連づけられる物理量が変わってくるので注意が必要である．化学熱力学では，特に断りがなけれ

ば等圧条件が仮定されていることが多く，反応熱とは通常，反応前後の系のエンタルピー変化を指す．

反応熱

反応熱 Q_{r} は**反応エンタルピー**（反応に伴うエンタルピー変化）

$$\Delta_{\mathrm{r}} H = H_{\text{終状態}} - H_{\text{始状態}} \tag{2.13}$$

に等しい．標準状態に対しての値は，特に**標準反応エンタルピー**と呼ばれ，記号 $\Delta_{\mathrm{r}} H^{\ominus}$ で示される．

標準状態を定義する温度および圧力は任意に取ることができるが，IUPAC は標準圧力として 1 bar (= 10^5 Pa) を推奨している．ただし，歴史的には標準圧力を標準大気圧に相当する 1 atm = 1.01325 bar にとった時期も長く，入手が容易な熱力学データの多くは後者によるものも多い．温度は任意であるが，入手が容易な熱力学データの多くは 298.15 K での値である．

2.2.4　発熱反応と吸熱反応

黒鉛の燃焼反応については，

$$\mathrm{C(s)} + \mathrm{O_2(g)} \longrightarrow \mathrm{CO_2(g)} \qquad \Delta_{\mathrm{r}} H^{\ominus} = -393.51\,\mathrm{kJ/mol}$$

であることが知られている[7]．このように反応エンタルピーを付記した化学反応式を**熱化学方程式**と呼ぶ．ここで，標準エンタルピー変化

$$\Delta_{\mathrm{r}} H^{\ominus} = H^{\ominus}_{\mathrm{CO_2(g)}} - \left\{ H^{\ominus}_{\mathrm{C(s)}} + H^{\ominus}_{\mathrm{O_2(g)}} \right\}$$

が負であるということは，標準状態において反応式の右辺（生成系＝終状態）の方が左辺（始原系＝始状態）よりもエンタルピーが低く，反応

7)　C(s) とは固体 (solid) の炭素，$\mathrm{O_2(g)}$ や $\mathrm{CO_2(g)}$ はそれぞれが気体 (gas) であることを示している．このほか液体 (liquid) を表す (ℓ) や水溶液 (aqueous solution) を表す (aq) がある．しばしば省略されるが，適切に判断する必要がある．

に伴い熱を放出する**発熱反応**であることを意味する．**吸熱反応**であれば，反応エンタルピーは正になる．発熱反応で反応熱が負であることに違和感を覚えるかもしれないが，ここでいう反応熱は系について定義されたもので，系のエンタルピーが減少した分，環境の熱は増加するので辻褄は合っている．吸熱反応では系のエンタルピーが増加する分，環境の熱が奪われる．

2.2.5 ヘスの法則

2.2.3 項で触れたように，エンタルピー H は状態量であるから，始原系と生成系が定まれば，その間を結ぶ反応のエンタルピー変化は一義的に決まり，その経路にはよらない．よって両系を結ぶ反応経路がいくつか考えられるとき，それぞれの経路についての総熱量は等しくなる．これを**ヘスの法則**と呼ぶ[8)]．例えば，

$$\mathrm{C(s)} + \mathrm{O_2(g)} \longrightarrow \mathrm{CO_2(g)} \tag{2.14}$$

$$\mathrm{C(s)} + \frac{1}{2}\mathrm{O_2(g)} \longrightarrow \mathrm{CO(g)} \tag{2.15}$$

$$\mathrm{CO(g)} + \frac{1}{2}\mathrm{O_2(g)} \longrightarrow \mathrm{CO_2(g)} \tag{2.16}$$

という 3 つの反応を考えたとき，反応 (2.14) の反応熱と，反応 (2.15), (2.16) の反応熱の和は等しくなる．反応 (2.15) を CO が発生したところで止めるのは難しく，この反応の反応熱の測定は難しいが，反応 (2.14), (2.16) の反応熱からヘスの法則を利用して求めることができる．これの意味するところは，図 2.3 を見れば明らかであろう．

---

8) G. H. Hess (1802 – 1850) による．彼自身は，熱力学第一法則の確立前に実験結果からの帰納によってこれを主張した．

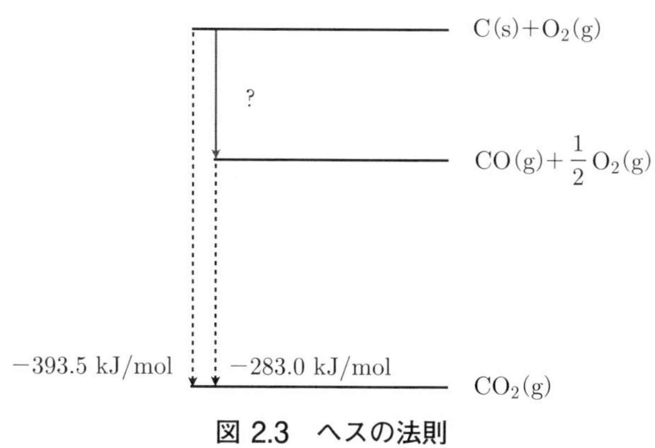

図 2.3　ヘスの法則

3 分子とエントロピー

《目標&ポイント》 自発的変化の向きを示す状態量としてエントロピーを導入する．ボルツマンのエントロピーに基づいて化学変化の際のエントロピー変化をイメージできるようにする．

《キーワード》 自発的変化の向き，エントロピー，熱力学第二法則，ボルツマンのエントロピー

3.1 自発的変化の向きとエントロピー

2.2.5 項の反応 [式 (2.14)，式 (2.15)，式 (2.16)] は，木炭の燃焼の際に起こる反応である．これらの反応は，着火というきっかけさえ与えれば自発的に起こる**自発的変化**である．少なくとも，式 (2.14) の逆反応が勝手に起こるとは考えにくいだろう．これらの発熱反応において，系はよりエンタルピーの低い状態になることで系外に熱を放出する．反応によって系が安定化する発熱反応が自発的に起こるのはもっともらしく思える．このように考えると，反応によって系がエンタルピーの高い状態へ移る吸熱反応は自発的には起こりそうもない．しかしながら，実際には加熱なしに自発的に起こる吸熱反応はいくらでもある．例えば，家庭でも簡単に確かめることができるように，食塩が水に溶ける過程は吸熱反応である．つまり，上記の考えは間違いであり，等温等圧条件で系の自発的変化の向きを決めているのは，エンタルピーではないということになる．

3.1.1　エントロピー

系の自発的変化について考えるために，等温等圧条件を離れてもう少し簡単な例を採用しよう．図 3.1 のように真ん中が栓で閉じられた容器があり，全体は断熱されているとする．当初容器の片方だけが気体で満たされていて，もう一方は真空であるとする．ここで真ん中の栓を開けば，気体は容器内を満遍なく満たすはずだ．

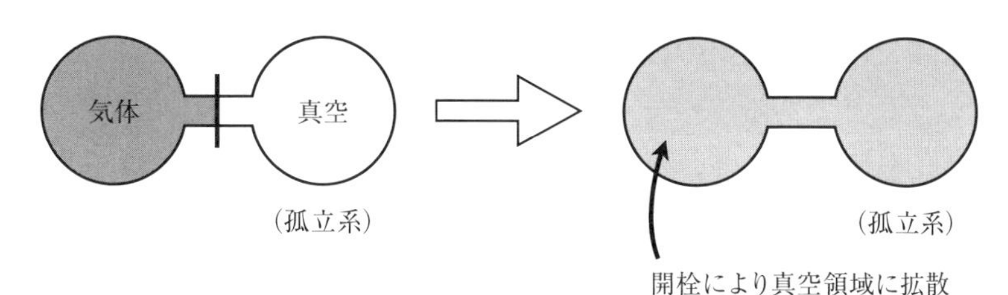

図 3.1　自発的な変化

この状態変化に伴う系の内部エネルギーの変化を考えてみると，断熱されていることから $Q = 0$，また，系は容器全体であるから，容器内を気体が満たす過程で外界との間に仕事のやりとりもないから $W = 0$．したがって内部エネルギー変化は $\Delta U = Q + W = 0$ となる．このことは，今考えたのと逆の過程もエネルギー保存の観点からは禁止されていないことを意味するが，そのような過程は決して起こらないことを経験的に知っているだろう．図 3.1 の始状態と終状態を区別しうる状態量は**エントロピー** (entropy) S として知られており，その微小変化 $\mathrm{d}S$ は次のように定義される．

エントロピー

準静的な微小過程におけるエントロピーの微小変化 $\mathrm{d}S$ は，系に流入する熱 δQ を用いて

$$\mathrm{d}S = \frac{\delta Q}{T} \tag{3.1}$$

で与えられる．ここで T は微小過程が行われる際の温度である．

3.1.2 自発的変化に伴うエントロピー変化

図 3.1 に示された自発的変化に伴うエントロピー変化を評価してみよう．ここで注意したいのは，図 3.1 のような変化は準静的とは言いがたいということである．つまり，断熱されているからと言って式 (3.1) の δQ に 0 を代入してはいけない．ではどうすればよいか．エントロピーが状態量であることに注目すれば，始状態と終状態が図 3.1 と共通な準静的過程に対して式 (3.1) を用いた計算を行えばよいことになる[1)]．準静的な過程に対しては式 (2.8) も成立することから，

$$\mathrm{d}S = \frac{1}{T}\mathrm{d}U + \frac{P}{T}\mathrm{d}V \tag{3.2}$$

が成立する．ここで $\mathrm{d}U = 0$ であることに注意すると，図 3.1 の自発的な変化に対してエントロピー変化は

$$\Delta S = S_f - S_i = \int_i^f \mathrm{d}S = \int_i^f \frac{P}{T}\mathrm{d}V \tag{3.3}$$

のように計算できて，始状態 (i) と終状態 (f) は（同一のエネルギーを持つのとは対照的に）異なるエントロピーを持つことが分かる．つまり，内部エネルギーでは区別できなかった始状態と終状態は，エントロピーによって区別できるようになった．また，T，P および $\mathrm{d}V$ はいずれも正であることから，図 3.1 に示された自発的変化に伴うエントロピー変化は正であることも分かる．内部の気体が理想気体であれば，状

1)　考察対象の過程とは異なる過程の計算をすることになるので，慣れないうちは違和感を感じることだろう．

態方程式の助けを借りて

$$\Delta S = \int_i^f \frac{NR}{V} \mathrm{d}V = NR \ln \frac{V_f}{V_i} \tag{3.4}$$

と具体的に求めることもできる．

3.2 エントロピーは増大する

前節ではエントロピーによって自発的変化で移りうる始状態と終状態が区別できることを見た．ここではより一般的な，ピストンに封入された流体の膨張過程 (図 3.2) でエントロピーがどのように変化するかを議論する．

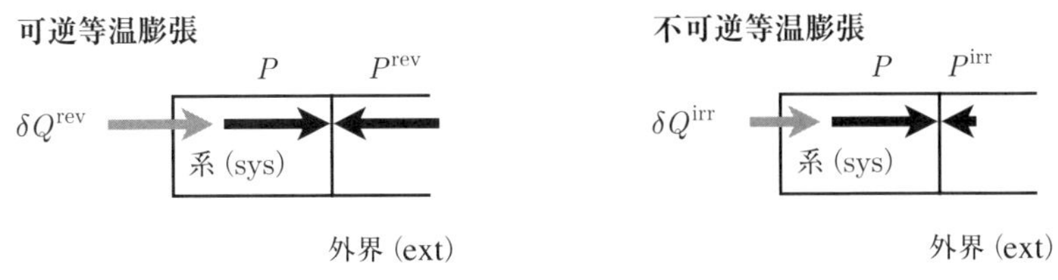

図 3.2　可逆膨張と不可逆膨張

3.2.1　可逆および不可逆過程によって系に流入する熱

エントロピー変化を議論するには，系に流入する熱の評価が必要である．十分にゆっくりピストンを動かして実現される可逆な膨張過程と，一般の（不可逆な）膨張過程で系に流入する熱を考える．両過程で始状態と終状態が共通であるとすると，熱力学第一法則から

$$\mathrm{d}U = -P^{\mathrm{rev}}\mathrm{d}V + \delta Q^{\mathrm{rev}} = -P^{\mathrm{irr}}\mathrm{d}V + \delta Q^{\mathrm{irr}} \tag{3.5}$$

となるから

$$\delta Q^{\mathrm{rev}} - \delta Q^{\mathrm{irr}} = \left(P^{\mathrm{rev}} - P^{\mathrm{irr}}\right) \mathrm{d}V \tag{3.6}$$

が成立する．これらの式で上付きの rev，irr はそれぞれ可逆過程 (reversible process)，不可逆過程 (irreversible process) の量であることを表す．ここでピストン内部の圧力を P とすると

$$P = P^{\mathrm{rev}}, \quad P > P^{\mathrm{irr}} \tag{3.7}$$

でないといけないから，

$$\delta Q^{\mathrm{rev}} - \delta Q^{\mathrm{irr}} > 0 \tag{3.8}$$

であることが分かる．

3.2.2 熱力学第二法則

系 (sys) と外界 (ext) を含めた全系 (tot) のエントロピー変化

$$\mathrm{d}S_{\mathrm{tot}} = \mathrm{d}S_{\mathrm{sys}} + \mathrm{d}S_{\mathrm{ext}} \tag{3.9}$$

を考える．全系は孤立系であるから，孤立系のエントロピー変化を議論することになる．3.1.2 項でも指摘したように，系のエントロピー変化 $\mathrm{d}S_{\mathrm{sys}}$ は，エントロピーが状態量であることから可逆か不可逆かによらず

$$\mathrm{d}S_{\mathrm{sys}} = \frac{\delta Q^{\mathrm{rev}}}{T} \tag{3.10}$$

で与えられる．外界のエントロピー変化 $\mathrm{d}S_{\mathrm{ext}}$ を知るためには，外界に流入した熱を知る必要がある．系の可逆変化において，これは $-\delta Q^{\mathrm{rev}}$ となる．このとき，

$$\mathrm{d}S_{\mathrm{tot}}^{\mathrm{rev}} = \mathrm{d}S_{\mathrm{sys}} + \mathrm{d}S_{\mathrm{ext}} = \frac{1}{T}\left(\delta Q^{\mathrm{rev}} - \delta Q^{\mathrm{rev}}\right) = 0 \tag{3.11}$$

となる．つまり，系の可逆過程によって全系のエントロピーは変化しない．

自発的変化に対応する不可逆過程の場合はどうだろうか．系の不可逆過程で外界に流入する熱 $-\delta Q^{\mathrm{irr}}$ は，準静的とは言えない過程に伴って移動した熱であるから，式 (3.1) の計算に用いるべき熱としては不適格に思うかも知れない．しかしながら，外界は系に比べて巨大であり，系との熱のやりとりによって外界の平衡状態は保たれたままである[2)]．外界にとってそのような熱のやりとりは準静的であると言えるから，$\mathrm{d}S_{\mathrm{ext}}$ の計算においては素直に $-\delta Q^{\mathrm{irr}}$ を用いてよいことになる．すなわち，

$$\mathrm{d}S_{\mathrm{tot}}^{\mathrm{irr}} = \mathrm{d}S_{\mathrm{sys}} + \mathrm{d}S_{\mathrm{ext}} = \frac{1}{T}\left(\delta Q^{\mathrm{rev}} - \delta Q^{\mathrm{irr}}\right) > 0 \tag{3.12}$$

が導かれる．最後の不等号は式 (3.8) による．式 (3.11)，式 (3.12) は

$$\mathrm{d}S_{\mathrm{tot}} = \mathrm{d}S_{\mathrm{sys}} + \mathrm{d}S_{\mathrm{ext}} \geq 0 \tag{3.13}$$

のようにまとめられる．等号は可逆過程の場合に成立する．上述のように全系は孤立系であるから，これは孤立系に対して一般に成立し，孤立系に対する熱力学第二法則として知られている．

熱力学第二法則（孤立系）

孤立系の微小過程に対するエントロピーの微小変化 $\mathrm{d}S$ は

$$\mathrm{d}S \geq 0 \tag{3.14}$$

で与えられる．等号は可逆過程，不等号は不可逆過程に対応する．可逆過程は平衡状態を保った変化で実現されることから $\mathrm{d}S = 0$ は平衡の判定条件，不可逆過程は自発的変化に対応することから

2)　淹れたてで熱々だったコーヒーも放っておくと冷めて室温と同じ温度になるが，このとき，部屋の状態は変化しないと考えてよいだろう．

$\mathrm{d}S > 0$ は自発的変化の進む向きの判定条件ということになる.

R. J. E. Clausius (1822 – 1888) は，自発的変化を特徴づける状態量として式 (3.1) を定義し，自らエントロピーと命名した論文の最後で，熱力学第一法則および第二法則をそれぞれ「宇宙のエネルギーは保存する」「宇宙のエントロピーは増大する傾向がある」という形で印象的に表現した．宇宙全体は孤立系であるはずだから，このように言うことができる.

3.2.3 第二法則を使ってみる

初期温度がそれぞれ T_{1i}，T_{2i} で与えられる物体 1，2 を熱的に接触させたとき，どのような変化が起こるかを考えてみよう．物質 1，2 の合成系を考察対象の系とし，外界とはいかなる形でもエネルギーのやりとりはないものとする．$T_{1i} > T_{2i}$ だったとすると物体 1 から物体 2 に熱が流れ，最終的に両者の温度が共通の値になることを多くの人は経験的に知っていることだろう．これを熱力学が予言できるかを確かめてみたい.

物体 1，2 ともに N mol の同一の物質からなるとする．物体 1，2 の間で起こりうるエネルギーのやりとりは熱のみとしているので，物質 1，2 の最終的な温度を T_{1f}，T_{2f} とすると，熱力学第一法則から

$$Nc\left\{(T_{1f} - T_{1i}) + (T_{2f} - T_{2i})\right\} = 0 \tag{3.15}$$

が成立する．ここで c はモル比熱である．対応する物体 $n(=1,2)$ のエントロピー変化は $\delta Q_n = Nc\mathrm{d}T_n$ より $\mathrm{d}S_n = Nc(\mathrm{d}T_n/T_n)$ となるから

$$\Delta S_n = \int_i^f \mathrm{d}S_n = Nc\int_i^f (\mathrm{d}T_n/T_n) = Nc\ln(T_{nf}/T_{ni}) \quad (3.16)$$

であり，考えている系のエントロピー変化は

$$\Delta S = Nc\left\{\ln\frac{T_{1f}}{T_{1i}} + \ln\frac{T_{2f}}{T_{2i}}\right\} \quad (3.17)$$

で与えられる．系が平衡状態にあるとき，その近傍での可逆過程でエントロピー変化は 0 となることから，

$$\frac{\partial(\Delta S)}{\partial T_{1f}} = Nc\left\{\frac{1}{T_{1f}} - \frac{1}{T_{1i}+T_{2i}-T_{1f}}\right\} = 0 \quad (3.18)$$

より，$T_{1f} = (T_{1i}+T_{2i})/2$ が得られ，式 (3.15) より $T_{2f} = T_{1f}$ であることも分かる．共通の終状態の温度を T_f と書くと，この変化に伴う全系のエントロピー変化は

$$\Delta S = Nc\left\{\ln\frac{T_f}{T_{1i}} + \ln\frac{T_f}{T_{2i}}\right\} = Nc\ln\frac{T_f^2}{T_{1i}T_{2i}} \quad (3.19)$$

となり，$\Delta S \geq 0$ の条件は $T_f^2 \geq T_{1i}T_{2i}$ と対応するが，これは

$$(T_{1i} - T_{2i})^2 \geq 0 \quad (3.20)$$

と等価である．すなわち，初期温度が異なっていれば $\Delta S > 0$，同じであれば $\Delta S = 0$ となる．初期温度が異なっていれば自発的に熱の移動が起こって最終的に両物体の温度が T_f となること，また，初期温度が同一であれば何も起こらないことがこうして確かめられる．

3.3 エントロピーの微視的イメージ

エントロピー変化は，式 (3.1) によって定義された．そして前節で見

たように，ある過程が自発的に起こるかどうかは，その過程に対するエントロピー変化を計算すれば確かに判定できる．巨視的な系の巨視的な記述としてはこれで十分であり，このことは大変素晴らしいが，一方で，結局エントロピーとは何なのだろうかとモヤモヤする人も多いだろう．

特に現代の我々は，分子という微視的存在の立場から化学現象を考えることに慣らされている．巨視的な系の巨視的な記述は確かに便利だが，巨視的な量の微視的な意味が知りたくなるのも当然だろう．このように考えたとき，エネルギーや圧力などの状態量は系に含まれる莫大な分子の運動の巨視的な平均の形でイメージしやすいのに対し，“準静的過程によって系に流入する熱をそのときの温度で割ったもの”に対する微視的なイメージを思い浮かべるのは難しい．

エントロピーについての微視的世界と巨視的世界の橋渡しは L. E. Boltzmann (1844 – 1906) によって達成された．Boltzmann の視点は，熱力学の体系の理解に必須ではないが，不慣れな人の心の安寧のためには大いに役に立つ．そのような観点から，以下では詳細には立ち入らずに Boltzmann による微視的なエントロピーの紹介を行う．

3.3.1 ボルツマンのエントロピー

Boltzmann によれば，孤立系のエントロピーは系が取りうる微視的な状態数 W の自然対数 $\ln W$ を用いて

$$S = k_{\mathrm{B}} \ln W \tag{3.21}$$

と表される．k_{B} はボルツマン定数と呼ばれ，気体定数 R をアボガドロ数 N_{A} で割ったもの，すなわち $k_{\mathrm{B}} = R/N_{\mathrm{A}}$ にほかならない．ここでいう微視的な状態数とは次のようなものである．エントロピーは状態量であるから平衡状態に対して値が 1 つ定まる．そして，平衡状態とは時

間の経過とともに変化することなく一定に保たれている巨視的な状態のことを指す．一方で，巨視的には平衡にあって変化していないように見える系も，微視的なスケールに踏み込んで考えれば，莫大な数の分子が時々刻々その位置を変え，互いに衝突を繰り返している．そのように考えたとき，少数の巨視的な変数で指定されたある 1 つの平衡状態は，莫大な数の微視的な状態を含んでいることになる．そのような微視的な状態の数 W を数えればエントロピーが分かるということを，Boltzmann は言っているのだ．

ここで本章の最初に考えた自発的過程 (図 3.1) についての簡単なモデルを考え，Boltzmann の立場から考えてみよう．微視的な状態数をきちんと数えるのは大変なので，ここでは気体分子の微視的な状態を，左にいるか右にいるかだけで区別することにする．そうするとこの問題はコイン投げで裏表のコインの数を考えるのと等価になる．

気体分子が $m(=2n)$ 個あったとして，図 3.1 の始状態に含まれる微視的な状態の数は，m 個の分子すべてが左にいる場合の数であるが，これは m によらず常に 1 通りである．一方，終状態に含まれる微視的な状態数は，左右に同数の分子がいる場合の数ということになる．これは $2n$ 個のうち n 個の分子が左にいる場合の数に相当するから，

$$W_{2n} = {}_{2n}\mathrm{C}_n = \frac{(2n)!}{n!n!} \tag{3.22}$$

として計算できる．$m = 2$ であれば 2 通り，$m = 10$ であれば 252 通り，$m = 20$ であれば 184756 通り，$m = 30$ であれば 155117520 通りと分子数に応じて急激に増加する．

エントロピー変化を考えてみると，$\ln 1 = 0$ であるのですべての分子が左にいる場合は $S = 0$，左右に同数の分子がいる場合は階乗の自然対数に関するスターリングの近似公式 $\ln n! \sim n(\ln n - 1)$ を用いれば

$\ln W_{2n} \sim 2n \ln 2 = \ln W_m \sim m \ln 2$ が導けるから，

$$\Delta S = k_\mathrm{B} \ln W_m \sim k_\mathrm{B} m \ln 2 = R \left(\frac{m}{N_\mathrm{A}} \right) \ln 2 \tag{3.23}$$

となる．つまり分子が 1 mol あったとすれば，エントロピーは $R \ln 2$ だけ増加[3)]する．そして熱力学第二法則によれば，気体分子はこのエントロピーの差によって自発的に容器の両側に広がるということが予測され，事実その通りになる．

3.3.2 相変化のエントロピー

巨視的には同一とみなされる状態に対応する微視的な状態数が多いほどエントロピーが大きいという Boltzmann の考え方に立つと，一般に固体に比べて液体の方が，液体に比べて気体の方がエントロピーが大きいことや，体積や温度の増大に伴ってエントロピーが増大するということが言えそうである．これらは実際に見られる傾向だが，以下では固体から液体，液体から気体への相変化について，実測値を基に議論してみよう．エントロピーを直接測定する装置はないが，相変化の場合には熱測定によって容易に評価できる．

大気圧下で氷に時間あたり一定の熱を加え続けたらどうなるかを考える．もちろん氷の温度は徐々に上昇する．しかし，氷から水への融解 (fusion) が起こるとき，系の温度は変わらない．そして氷がすべて水になると系の温度は再び上昇を始める．これは氷から水への融解が等温過程であることを意味するから，融解の際に系に注入した ΔQ_fus を融点の温度 T_fus で割れば融解に伴うエントロピー変化が分かることになる．等圧条件であることに注目すると，式 (2.12) より ΔQ_fus は融解に伴うエンタルピー変化 ΔH_fus ということになる．実測値を用いると

3)　左右の体積が同一な場合の式 (3.4) の値と一致していることにも注目しよう．

$$\Delta S_{\text{fus}} = \frac{\Delta H_{\text{fus}}}{T_{\text{fus}}} = \frac{6.01 \text{ kJ mol}^{-1}}{273.15 \text{ K}} = 22 \text{ J K}^{-1} \text{ mol}^{-1} \quad (3.24)$$

となるから，液体の水の方が固体に比べてエントロピーが大きいことが分かる．また，同じことは蒸発 (vaporization) の場合にも成立し，

$$\Delta S_{\text{vap}} = \frac{\Delta H_{\text{vap}}}{T_{\text{vap}}} = \frac{40.7 \text{ kJ mol}^{-1}}{373.15 \text{ K}} = 109 \text{ J K}^{-1} \text{ mol}^{-1} \quad (3.25)$$

となることから，気体の水の方が液体に比べてエントロピーが大きいことが分かる．

3.3.3　トルートンの規則

蒸発過程の終状態は気体であるので，蒸発エントロピーは物質間の違いが余りないと期待できる．この傾向は非極性の液体の場合 (表 3.1) に顕著で，ΔS_{vap} は約 86 J $\text{K}^{-1}\text{mol}^{-1}$ の値をとることが知られている[4)]．これを**トルートンの規則**と呼ぶ．この規則を前提とすると，気相に比べて液相が安定な物質ほど沸点が高いと言うことができる．

表 3.1　非極性液体の蒸発エントロピー

	T_{vap} (K)	ΔH_{vap} (kJ mol^{-1})	ΔS_{vap} (J $\text{K}^{-1}\text{mol}^{-1}$)
臭化エチル	311.6	27.04	86.8
ヘキサン	341.9	28.85	84.4
四塩化炭素	349.9	29.8	85.2
ベンゼン	353.3	30.72	87.0
ヘプタン	371.6	31.77	85.5

4)　前項の水のように液体状態で水素結合を形成してその動きが抑制される場合には，液体のエントロピーが小さくなるため，ΔS_{vap} は非極性液体に比べて大きくなる．

4 反応の起こる向き

《目標＆ポイント》 等温等圧条件で化学反応が起こるかどうかは，ギブズエネルギー変化によって決まることを学ぶ．1 mol あたりのギブズエネルギーである化学ポテンシャルを用いて等温等圧条件下での化学平衡を扱い，理想混合気体の化学ポテンシャルから標準反応ギブズエネルギーと平衡定数の関係を導く．

《キーワード》 平衡の条件，ギブズエネルギー，化学ポテンシャル，反応進行度，平衡定数，ルシャトリエの原理，活量

4.1 エントロピーからギブズエネルギーへ

第 3 章では，熱力学第二法則によって孤立系の平衡状態や自発的変化の向きがエントロピー変化 $\mathrm{d}S$ の値で判定できることを学んだ．試験管やビーカーのような外界とエネルギーのやりとりを行う系の場合にも，系と外界のエントロピー変化を評価して全系のエントロピーを求めれば，

$$\mathrm{d}S_{\mathrm{tot}} = \mathrm{d}S_{\mathrm{sys}} + \mathrm{d}S_{\mathrm{ext}} \geq 0 \tag{3.13}$$

を用いて同様の議論が可能である．外界のエントロピー変化 $\mathrm{d}S_{\mathrm{ext}}$ は系に流入した熱 δQ_{sys} を用いて

$$\mathrm{d}S_{\mathrm{ext}} = -\frac{\delta Q_{\mathrm{sys}}}{T} \tag{4.1}$$

で評価できる．これにより系に関する量だけで $\mathrm{d}S_{\mathrm{tot}}$ を表現することが

可能となるが，熱は非状態量であるので必ずしも有用ではない．系の状態量のみで $\mathrm{d}S_{\mathrm{tot}}$ を表現できれば，始状態と終状態の値を比較するだけで系の自発的変化の向きを議論できて便利である．試験管やビーカーにおける物質変化のような等温等圧条件が満たされる過程の場合には，系の**ギブズエネルギー**[1]と呼ばれる新しい状態量

$$G = H - TS \tag{4.2}$$

を用いることでそれが可能となる．

4.1.1　等温等圧条件での状態変化とギブズエネルギー

等圧条件での熱が状態量であるエンタルピーに相当する，すなわち

$$\delta Q_{\mathrm{sys}} = \mathrm{d}H_{\mathrm{sys}} \tag{4.3}$$

が成立することを思い出そう．このとき，外界のエントロピー変化は

$$\mathrm{d}S_{\mathrm{ext}} = -\frac{\mathrm{d}H_{\mathrm{sys}}}{T} \tag{4.4}$$

と書くことができる．式 (3.13) に式 (4.4) を代入すると，

$$\mathrm{d}H_{\mathrm{sys}} - T\mathrm{d}S_{\mathrm{sys}} \leq 0 \tag{4.5}$$

が得られる．この式の左辺は等温条件における系のギブズエネルギー変化 $\mathrm{d}G_{\mathrm{sys}}$ にほかならない[2]．したがって，等温等圧条件で外界とエネルギーのやりとりをする系のギブズエネルギー変化は一般に

$$\mathrm{d}G_{\mathrm{sys}} \leq 0 \tag{4.6}$$

で与えられる．平衡状態では $\mathrm{d}G_{\mathrm{sys}} = 0$ が成立し，$\mathrm{d}G_{\mathrm{sys}} < 0$ となる

---

1)　J. W. Gibbs (1839 – 1903) によって導入された．

2)　G の全微分は $\mathrm{d}G = \mathrm{d}H - \mathrm{d}(TS) = \mathrm{d}H - T\mathrm{d}S - S\mathrm{d}T$ で与えられるから，等温条件 ($\mathrm{d}T = 0$) では $\mathrm{d}G = \mathrm{d}H - T\mathrm{d}S$ となる．

ような変化が自発的に起こる．このようにして，等温等圧条件においては系の状態量だけで系の状態変化の議論が可能となった．

4.1.2 ギブズエネルギー変化で反応の概要をつかむ

前項の結果を用いると，ある反応が起こるかどうかは反応前後のエンタルピー変化 $\Delta H = H_f - H_i$ とエントロピー変化 $\Delta S = S_f - S_i$ を用いて

$$\Delta G = \int_i^f \mathrm{d}G = \int_i^f (\mathrm{d}H - T\mathrm{d}S) = \Delta H - T\Delta S < 0 \tag{4.7}$$

であるかどうかで判定することができる．例として第 3 章の冒頭で吸熱ながら自発的に進む反応として触れた食塩の溶解反応，すなわち

$$\mathrm{NaCl(s)} \longrightarrow \mathrm{Na^+(aq)} + \mathrm{Cl^-(aq)}$$

が標準状態で自発的に進行するかどうかを，標準生成エンタルピー $\Delta_\mathrm{f}H^\ominus$ および標準生成エントロピー $\Delta_\mathrm{f}S^\ominus$ のデータ (1 bar, 298.15 K) を使って考えてみよう．

	$\Delta_\mathrm{f}H^\ominus$ (kJ mol^{-1})	$\Delta_\mathrm{f}S^\ominus$ (J K^{-1} mol^{-1})
NaCl(s)	−411.15	72.13
$\mathrm{Na^+}$(aq)	−240.12	59.0
$\mathrm{Cl^-}$(aq)	−167.16	56.5

始状態，終状態のエンタルピーやエントロピーはそれぞれ，始状態，終状態に含まれるすべての分子種の生成エンタルピーや生成エントロピーの和で与えられる．このことから溶解反応の反応エンタルピー $\Delta_\mathrm{r}H^\ominus$ は

$$\Delta_r H^\ominus = (-240.12 - 167.16) - (-411.15) = 3.87\ \mathrm{kJ\ mol^{-1}}$$

のように求められる．正の値であるから確かに吸熱反応である．同様に反応エントロピーを計算すると

$$\Delta_r S^\ominus = (59.0 + 56.5) - 72.13 = 43.37\ \mathrm{J\ K^{-1}\ mol^{-1}}$$

となってこちらも正となる．これらの値を用いて反応ギブズエネルギーを求めると

$$\Delta_r G^\ominus = 3870 - 298.15 \times 43.37 = -9061\ \mathrm{J\ mol^{-1}} < 0 \qquad (4.8)$$

のように負の値になるから，この反応は吸熱ながら自発的に進行することが確かめられた．反応によってエンタルピーが増加する吸熱反応であっても，反応に伴ってエントロピーが増加する場合にはギブズエネルギーに負の寄与をすることになり，温度によっては自発的に反応が進行しうる．

反応エンタルピーと反応エントロピーがそれぞれ正および負の値をとる場合の反応の自発性は表 4.1 のように分類される．なお，各分子種の H および S の温度依存性は弱いと仮定している．

表 4.1　等温等圧条件における反応の自発性

ΔH	ΔS	反応の自発性	例
負	正	温度によらず自発的	$2\,NO_2(g) \longrightarrow N_2(g) + 2\,O_2(g)$
負	負	低温で自発的	$N_2(g) + 3\,H_2(g) \longrightarrow 2\,NH_3(g)$
正	負	温度によらず起こらない	$3\,O_2(g) \longrightarrow 2\,O_3(g)$
正	正	高温で自発的	$2\,HgO(s) \longrightarrow 2\,Hg(\ell) + O_2(g)$

4.2 化学的な平衡状態と化学ポテンシャル

前節の反応の自発性の議論では，物質量の変化を考慮しなかった．式 (4.8) で求めたギブズエネルギー変化は，系に含まれるすべての NaCl (s) が溶解したと考えたときの 1 mol あたりの値である．しかしながら，食塩は水に際限なく溶けるわけではなく，ある一定量溶けたところで溶解反応は巨視的に見て進行しなくなる．このような巨視的に変化のなくなった状態は熱力学的な平衡状態にほかならず，化学変化に関するこのような平衡のことを**化学平衡**と呼ぶ．

4.2.1 化学ポテンシャル

化学平衡の議論をするには，系の構成成分 i の物質量 N_i の変化を考慮できるようにしなくてはならない．内部エネルギー変化

$$\mathrm{d}U = T\mathrm{d}S - P\mathrm{d}V \tag{4.9}$$

の拡張から始めよう．この式は，U が S，V の関数，すなわち

$$\mathrm{d}U = \left(\frac{\partial U}{\partial S}\right)\mathrm{d}S + \left(\frac{\partial U}{\partial V}\right)\mathrm{d}V \tag{4.10}$$

であって，

$$\left(\frac{\partial U}{\partial V}\right) = -P, \quad \left(\frac{\partial U}{\partial S}\right) = T \tag{4.11}$$

であることを意味している．このような関係を満たすとき，V と $-P$，S と T は互いに共役にあるという．ここで V，S は系を n 倍にすると n 倍になる**示量変数**，P，T は系を n 倍しても変化しない**示強変数**になっている．状態量である内部エネルギー U が成分 i の物質量 N_i にも

依存しているとすれば，内部エネルギーの全微分 $\mathrm{d}U$ は

$$\mathrm{d}U = \left(\frac{\partial U}{\partial S}\right)\mathrm{d}S + \left(\frac{\partial U}{\partial V}\right)\mathrm{d}V + \sum_i \left(\frac{\partial U}{\partial N_i}\right)\mathrm{d}N_i \tag{4.12}$$

と書かれるはずである．示量変数である物質量 N_i に共役な示強変数，つまり物質量 N_i の変化に伴う内部エネルギー変化の寄与を与える偏微分係数 μ_i

$$\mu_i \equiv \left(\frac{\partial U}{\partial N_i}\right) \tag{4.13}$$

は**化学ポテンシャル**と呼ばれる．以上より，$\mathrm{d}U$ は

$$\mathrm{d}U = T\mathrm{d}S - P\mathrm{d}V + \sum_i \mu_i \mathrm{d}N_i \tag{4.14}$$

と書くことができる．これを出発点にとると，$\mathrm{d}G$ は

$$\mathrm{d}G = -S\mathrm{d}T + V\mathrm{d}P + \sum_i \mu_i \mathrm{d}N_i \tag{4.15}$$

で与えられる．等温等圧条件での平衡状態は $\mathrm{d}G = 0$ によって決めることができるが，式 (4.15) の第 1，2 項は条件より 0 となる．したがって，等温等圧条件での化学反応に関する平衡状態は

$$\sum_i \mu_i \mathrm{d}N_i = 0 \tag{4.16}$$

によって定まる．μ_i は化学平衡を決める示強変数であり，化学ポテンシャルという名称がその名にふさわしいと言えるだろう．

4.2.2　理想気体・混合理想気体の化学ポテンシャル

具体的な化学平衡の議論をするためには，化学ポテンシャルが T，P

にどう依存するかを知る必要がある．ここでは理想気体および複数の理想気体の混ざった混合理想気体の化学ポテンシャルを求めておく．まず単成分の場合について求めてみよう．内部エネルギーの示量性を表す式

$$U(\lambda S, \lambda V, \lambda N) = \lambda U(S, V, N) \tag{4.17}$$

の両辺を λ で微分し[3] $\lambda = 1$ と置くと $U = TS - PV + \mu N$ が得られる．この式の全微分をとって $\mathrm{d}U = T\mathrm{d}S - P\mathrm{d}V + \mu\mathrm{d}N$ を代入すると

$$N\mathrm{d}\mu = -S\mathrm{d}T + V\mathrm{d}P \tag{4.18}$$

が得られる．両辺を N で割り，理想気体の状態方程式 $PV = NRT$ を使えば

$$\mathrm{d}\mu = -\frac{S}{N}\mathrm{d}T + \frac{RT}{P}\mathrm{d}P \tag{4.19}$$

となる．ここで温度 T を一定として圧力を P_0 から P まで積分すると

$$\mu(T, P) - \mu(T, P_0) = \int_{P_0}^{P} \frac{RT}{P'}\mathrm{d}P' = RT \ln \frac{P}{P_0} \tag{4.20}$$

が導かれる．ここで $P_0 = 1$ bar (もしくは atm) を基準にとって $\mu^{\ominus}(T) \equiv \mu(T, 1)$ とすれば，理想気体の化学ポテンシャルを以下のように表すことができる．

理想気体の化学ポテンシャル

$$\mu(T, P) = \mu^{\ominus}(T) + RT \ln P \tag{4.21}$$

混合理想気体の場合にも，各成分 j の化学ポテンシャル μ_j は式 (4.21) によく似た表式で表すことができる．

---

3)　微分は以下のように計算する．

$$\frac{\partial U}{\partial(\lambda S)}\frac{\partial(\lambda S)}{\partial \lambda} + \frac{\partial U}{\partial(\lambda V)}\frac{\partial(\lambda V)}{\partial \lambda} + \frac{\partial U}{\partial(\lambda N)}\frac{\partial(\lambda N)}{\partial \lambda} = U$$

混合理想気体の化学ポテンシャル

$$\mu_j(T, P) = \mu_j^{\ominus}(T) + RT \ln P_j \tag{4.22}$$

式が似ているときは，それらの違いに注意しなくてはならない．混合気体の場合の右辺に現れる圧力 P_j は成分 j の分圧であり，これは

$$P_j = x_j P = \frac{N_j}{\sum_i N_i} P \tag{4.23}$$

のように全圧 P にモル分率 x_j を乗じたものとして定義される[4)]．

4.3 平衡定数

4.3.1 平衡定数とギブズエネルギー変化

前節で求めた化学ポテンシャルの表式を用いて，次の気相反応

$$\mathrm{N_2} + 3\,\mathrm{H_2} \rightleftharpoons 2\,\mathrm{NH_3} \tag{4.24}$$

の化学平衡を議論してみよう．反応式における両矢印は，この反応が可

---

4)　式 (4.22) が成り立つことは，以下のようにして理解される．簡単のために，2 種類の気体の混合を考えよう．混合によって気体 1，2 それぞれの体積 V_1，V_2 はともに $V_1 + V_2$ となる．つまり，もともと

$$V_1 = \frac{N_1}{P} RT, \quad V_2 = \frac{N_2}{P} RT$$

が成立していたのだが，混合したあとの気体 1 については

$$P_1 (V_1 + V_2) = N_1 RT$$

とならなくてはいけないのだから，上記の V_1，V_2 を代入すると，混合後の気体 1 の圧力 P_1 は

$$P_1 = \frac{N_1}{\dfrac{N_1}{P} + \dfrac{N_2}{P}} = \frac{N_1}{N_1 + N_2} P = x_1 P$$

となり，式 (4.23) で定義した分圧になっていることが分かる．気体 2 についても同様になることは明らかだろう．

逆反応であることを表す．可逆反応においては，どちらから始めても最終的に一定割合の N_2，H_2，NH_3 の混合物になる．この混合状態が化学的な平衡状態である．

等温等圧[5)]条件を仮定し，ギブズエネルギーを用いて議論する．式 (4.24) の反応に伴う系のギブズエネルギーの変化は

$$\mathrm{d}G = \mu_{\mathrm{N_2}}\mathrm{d}N_{\mathrm{N_2}} + \mu_{\mathrm{H_2}}\mathrm{d}N_{\mathrm{H_2}} + \mu_{\mathrm{NH_3}}\mathrm{d}N_{\mathrm{NH_3}} \tag{4.25}$$

で与えられる．反応式から

$$\mathrm{d}N_{\mathrm{N_2}} : \mathrm{d}N_{\mathrm{H_2}} : \mathrm{d}N_{\mathrm{NH_3}} = -1 : -3 : 2 \tag{4.26}$$

という制限があるから

$$\frac{\mathrm{d}N_{\mathrm{N_2}}}{(-1)} = \frac{\mathrm{d}N_{\mathrm{H_2}}}{(-3)} = \frac{\mathrm{d}N_{\mathrm{NH_3}}}{2} = \mathrm{d}\xi \tag{4.27}$$

で定義される ξ を統一的な**反応進行度**とすることができる．分母に現れた数字は，化学式の左辺にあるものには負符号がついた**符号付き化学量論係数**になっている．$\mathrm{d}G$ は $\mathrm{d}\xi$ を用いて

$$\mathrm{d}G = \left(-\mu_{\mathrm{N_2}} - 3\mu_{\mathrm{H_2}} + 2\mu_{\mathrm{NH_3}}\right)\mathrm{d}\xi \tag{4.28}$$

と表すことができる．それぞれ理想気体としてふるまうと仮定すれば，各成分の化学ポテンシャルは式 (4.22) で与えられるので，

$$\mathrm{d}G = \left\{\left(2\mu^{\ominus}_{\mathrm{NH_3}} - \mu^{\ominus}_{\mathrm{N_2}} - 3\mu^{\ominus}_{\mathrm{H_2}}\right) + RT\ln\frac{P^2_{\mathrm{NH_3}}}{P_{\mathrm{N_2}}P^3_{\mathrm{H_2}}}\right\}\mathrm{d}\xi \tag{4.29}$$

となる．平衡では $\mathrm{d}G = 0$ であるから，

$$2\mu^{\ominus}_{\mathrm{NH_3}} - \mu^{\ominus}_{\mathrm{N_2}} - 3\mu^{\ominus}_{\mathrm{H_2}} = -RT\ln\frac{P^2_{\mathrm{NH_3}}}{P_{\mathrm{N_2}}P^3_{\mathrm{H_2}}} \tag{4.30}$$

---

5)　ここでの等圧とは，全圧が一定ということ．反応に応じて分圧は変化する．

が成立する．左辺は標準圧力での反応ギブズエネルギー $\Delta G^{\ominus}$ であり，温度ごとに決まる定数である．したがって，右辺に現れる分圧の比

$$\frac{P_{NH_3}^2}{P_{N_2}P_{H_2}^3} \equiv K_p \tag{4.31}$$

も温度ごとに決まる定数となる．K_p を圧平衡定数と呼ぶ．これらをまとめると，標準反応ギブズエネルギーと平衡定数の間に

$$\Delta G^{\ominus} = -RT \ln K_p \tag{4.32}$$

の関係が成り立つことが分かる．

4.3.2　ルシャトリエの原理

アンモニアの生成反応において全圧を n 倍したらどうなるかを考えてみると，分圧は全圧に比例していたから，圧平衡定数 K_p の表式は

$$\frac{P_{NH_3}^2}{P_{N_2}P_{H_2}^3} \xrightarrow{P\to nP} \frac{1}{n^2}\frac{P_{NH_3}^2}{P_{N_2}P_{H_2}^3} \tag{4.33}$$

のように変化する．しかし K_p は温度にのみ依存していたから，全圧を変えても変化しないはずである．全圧を上げても K_p が一定に保たれるということは，全圧を上げたときに平衡は終状態側（気体分子数が少ない側）に寄るということである．逆に全圧を下げても K_p が不変であることからは，全圧を下げたときに平衡が始状態側（気体分子数が多い側）に寄るということが導かれる．これは次のルシャトリエ[6]の原理の一例になっている．

ルシャトリエの原理

化学的な平衡状態にある系の状態変数を変化させると，その変化を打ち消す方向に平衡は移動する．

6)　フランスの化学者 H. L. le Chatelier (1850 – 1936) による．

4.3.3 気体以外の一般の系

理想気体以外の化学ポテンシャルも一般に式 (4.22) と同様な形式

$$\mu_i(T,P) = \mu_i^\ominus(T,P_0) + RT\ln a_i \tag{4.34}$$

に書くことができる．右辺第 1 項は成分 i の純粋状態の標準圧力 P_0 における化学ポテンシャルであり，第 2 項は純粋状態からのずれを表している．なお，式 (4.22) の分圧に相当する a_i は活量と呼ばれる．純液体および純固体，理想希薄溶液の溶媒については 1 となる．理想希薄溶液の溶質 i についてはモル分率 x_i となるが，モル濃度 $[i]$ の数値で代用することもできる．式 (4.34) を用いることで，式 (4.32) の反応ギブズエネルギーと平衡定数の関係は，様々な反応系に対して一般化することができる．

標準反応ギブズエネルギーと平衡定数の関係

標準反応ギブズエネルギー $\Delta G^\ominus$ と平衡定数 K には

$$\Delta G^\ominus = -RT\ln K \tag{4.35}$$

の関係がある．ただし K は活量で表した一般的な平衡定数である．

5 反応の速さ

《目標＆ポイント》 化学反応の理解には速度の観点も重要である．化学反応の速度を決めるのは遷移状態へ至る活性化エネルギーであることを学び，空中窒素固定反応を例にその最適条件を平衡論と速度論の両者の観点から議論する．

《キーワード》 反応速度定数，アレニウスの式，遷移状態，活性化エネルギー，直線自由エネルギー関係，熱力学的支配，速度論的支配，空中窒素固定反応，触媒

5.1 反応の速さを決めるもの

第 4 章の議論によれば，反応ギブズエネルギーの値の正負によってある化学反応が自発的に起こるかどうかが分かる．また，標準反応ギブズエネルギーの値によって平衡状態における系の組成が分かる．一方で，これらの議論が熱力学に基づいていたことを思い出すと，自発的変化の向きや最終的に行き着く平衡状態のことは分かっても，どのような時間スケールで平衡に達するかは知りようがない．しかしこれでは化学反応の議論としては不十分である．我々がある反応が起こるかどうかを気にするとき，実際にはその反応が何らかの時間スケールに対して速やかに起こるかどうかを気にしている．以下では化学反応の速さが何で決まるかを議論する．

5.1.1 反応速度の取り扱い

反応速度は，物質の濃度の時間変化で定義するのが一般的である．式 (4.24) の反応

$$\mathrm{N_2 + 3\,H_2 \rightleftharpoons 2\,NH_3}$$

で言えば

$$v = -\frac{\mathrm{d[N_2]}}{\mathrm{d}t} = -\frac{1}{3}\frac{\mathrm{d[H_2]}}{\mathrm{d}t} = \frac{1}{2}\frac{\mathrm{d[NH_3]}}{\mathrm{d}t} \tag{5.1}$$

である．ここで，それぞれの濃度変化に符号付き化学量論係数の逆数がかかっているのは，どの物質による定義を用いても同じ速度になるようにするためである．ここで $[\mathrm{X}] \equiv N_\mathrm{X}/V$ は容量モル濃度であるが，気相反応であれば分圧と容量モル濃度の間に $P_\mathrm{X} = [\mathrm{X}]RT$ の関係があるから，分圧を用いてもよい．

ところで，反応速度がどのような量に依存するかは自明ではないが，

$$r_1\mathrm{R}_1 + r_2\mathrm{R}_2 + \cdots \longrightarrow p_1\mathrm{P}_1 + p_2\mathrm{P}_2 + \cdots \tag{5.2}$$

という反応に対して，反応速度 v は一般に，

$$v = k\,[\mathrm{R}_1]^a[\mathrm{R}_2]^b[\mathrm{R}_3]^c\cdots \tag{5.3}$$

のような反応分子種の濃度のべきと定数 k の積で表される．この定数 k を**反応速度定数**と呼ぶ．ここで注意が必要なのは，各成分の反応次数 a，b，$c, \ldots$ は事前に予測することは不可能であり，実測によって決められるものだということだ．反応式から自動的に

$$K = \frac{[\mathrm{P}_1]^{p_1}[\mathrm{P}_2]^{p_2}\cdots}{[\mathrm{R}_1]^{r_1}[\mathrm{R}_2]^{r_2}\cdots} \tag{5.4}$$

と書くことができる平衡定数とは対照的である．ただし，考えている式

(5.2) が 1 段階で進む**素反応**であれば，対応する反応速度 v は

$$v = k\,[\mathrm{R}_1]^{r_1}[\mathrm{R}_2]^{r_2}[\mathrm{R}_3]^{r_3}\cdots \tag{5.5}$$

で与えられ，各成分の反応次数は化学量論係数に一致する．逆に言えば，このようにならないときには，背後に複数の素反応があり，その段階で検討している反応はそれらの素反応の複合反応になっているということである．化学反応速度の実験研究では，ある反応の素反応がどのようなものであるかを突き止めることが 1 つの目的となる．すべての素反応を明らかにして，それらの複合反応として式 (5.3) の反応速度定数および各べき指数（成分の反応次数）が再現できれば，その反応を理解したということになる．

5.1.2　1 次反応とその取り扱い

最も簡単な反応は $\mathrm{X} \longrightarrow \mathrm{Y}$ のような反応で，上記の議論から反応速度は

$$v = -\frac{\mathrm{d}[\mathrm{X}]}{\mathrm{d}t} = k[\mathrm{X}] \tag{5.6}$$

のように書くことができる．反応速度が濃度の 1 次に比例するこのような反応は **1 次反応**と呼ばれる．式 (5.6) は $[\mathrm{X}]$ の微分方程式であり，解は

$$[\mathrm{X}] = [\mathrm{X}]_0 \exp(-kt) \tag{5.7}$$

で与えられる[1)]．ここで $[\mathrm{X}]_0$ は初期濃度である．

1 次反応の例として放射性元素の崩壊過程を挙げることができる．例えば炭素の同位体の 1 つである $^{14}\mathrm{C}$ は

1)　$\mathrm{d}[\mathrm{X}]/[\mathrm{X}] = -k\mathrm{d}t$ のように変形して両辺を $\int_{[\mathrm{X}]_0}^{[\mathrm{X}]}(\mathrm{d}[\mathrm{X}]/[\mathrm{X}]) = -\int_0^t k\mathrm{d}t$ のように積分すると $\ln([\mathrm{X}]/[\mathrm{X}]_0) = -kt$ となる．これは式 (5.7) にほかならない．

$$^{14}\mathrm{C} \longrightarrow {}^{14}\mathrm{N} + \mathrm{e}^- \tag{5.8}$$

のように崩壊し，その濃度は 5730 年で半減する．このような時間を半減期と呼び $t_{1/2}$ で表す．これは $\exp(-kt_{1/2}) = 1/2$ であることを意味するから，対応する反応速度定数（壊変定数）は

$$k = \frac{\ln 2}{t_{1/2}} \sim \frac{0.6931}{5730\ \mathrm{y}} = 1.210 \times 10^{-4}\ \mathrm{y}^{-1}$$

である．k が与えられている場合の半減期は $\ln 2/k$ として計算できる．

式 (5.8) の反応は**放射性炭素年代測定**として，動植物の遺骸の年代測定に利用されている．大気中の $^{14}\mathrm{C}$ の存在比率はほぼ一定に保たれており，生きている動植物の体内の $^{14}\mathrm{C}$ の存在比率は代謝のためにこれに等しい．動植物の死後は代謝がなくなってその存在比率が下がるから，動植物由来の炭素の同位体比を測ることでそれらが生きていた年代の推測が可能となる．

5.1.3 アレニウスの式と活性化エネルギー

放射性同位体の壊変定数はまさに定数であるが，通常の化学反応の反応速度定数 k は多くの場合に温度 T に依存する．温度を上げると反応が速く進むことは肌感覚として知っているだろう．多くの場合に反応速度定数 k は

$$k = A \exp\left(-\frac{E_a}{RT}\right) \tag{5.9}$$

の形に書けることが知られている．ここで A は**前指数因子**，E_a は**活性化エネルギー**[2)]と呼ばれる正の定数であるが，その意味は後で議論する．

---

2) 次元のある物理量を議論する場合に，指数関数が出てきたら指数は無次元になっていなくてはならない．気体定数 R と温度 T の単位がそれぞれ J/(K·mol) および K であることから，E_a は J/mol という 1 mol あたりのエネルギーを示す量であることが分かる．

R は気体定数，T は温度である．式 (5.9) のように書けることを最初に見いだしたのは J. H. van't Hoff (1852 – 1911) であるが，その意味を検討した S. A. Arrhenius (1859 – 1927) の名前をとって**アレニウスの式**と呼ばれている．温度 T が高くなるにつれて指数関数的に反応速度は速くなることが分かる．

反応速度定数の式 (5.9) に見られる温度依存性は何に由来するものだろうか．ここで思い出したいのは，式 (4.35) である．$\Delta G = \Delta H - T\Delta S$ を使うと，

$$K = \exp\left(-\frac{\Delta G}{RT}\right) = \exp\left(\frac{\Delta S}{R}\right)\exp\left(-\frac{\Delta H}{RT}\right)$$

となり，式 (5.9) と極めて類似している．E_a が正であったことを思い出すと，上式で $\Delta H > 0$，すなわち，K は始状態よりも高いエンタルピーを持つ状態との間の平衡定数に見えてくる．反応速度定数 k が式 (5.9) となるためには，反応は次のように進むと思えばよい．

$$\mathrm{X} \xrightleftharpoons{K} \mathrm{X}^{\ddagger} \xrightarrow{k^{\ddagger}} \mathrm{Y}$$

つまり，X は一度エネルギーの高い活性化状態 $\mathrm{X}^{\ddagger}$ となったのちに速度 $k^{\ddagger}$ で生成物 Y に至ると考える．X に比べて $\mathrm{X}^{\ddagger}$ のギブズエネルギーが $\Delta G^{\ddagger} = \Delta H^{\ddagger} - T\Delta S^{\ddagger}$ だけ高いとすると，上記の過程に対する反応速度定数 k' は

$$k' = k^{\ddagger}\exp\left(\frac{\Delta S^{\ddagger}}{R}\right)\exp\left(-\frac{\Delta H^{\ddagger}}{RT}\right)$$

となる．式 (5.9) と比べてみると，活性化エネルギーとは，反応物が活性化状態になる際のエンタルピー変化 $\Delta H^{\ddagger}$ であり，前指数因子には $k^{\ddagger}$ と $\Delta S^{\ddagger}$ からの寄与があることが分かる．この活性化状態 $\mathrm{X}^{\ddagger}$ は，しばしば**遷移状態**と呼ばれる．

以上見てきたことを踏まえて，モノが燃えるという身近な化学反応がどう捉えられるかをまとめてみよう．モノは一旦燃え始めれば燃え続けるが，最初に着火の作業が必要である．これはすなわち，酸化生成物の方がギブズエネルギーは低く反応は自発的に進行するはずであるが，活性化エネルギーが高くて室温ではそのエネルギー障壁を越えることができないことによる．一方で，一旦反応が開始されてしまえば反応熱の一部が活性化に用いられて反応は持続する．化学反応の理解には，始状態と終状態だけでなく遷移状態も含めたエネルギー関係の把握が必要である．

5.2 遷移状態はどこにある？

5.2.1 直線自由エネルギー関係

次のような化学反応

$$\mathrm{A} + \mathrm{B} \rightleftharpoons \mathrm{C} + \mathrm{D}$$

がどのように進むかを考えたいとする．ギブズエネルギーは状態量であるので，標準反応ギブズエネルギー $\Delta_\mathrm{r} G^\ominus$ はそれぞれの標準生成ギブズエネルギー $\Delta_\mathrm{f} G^\ominus$ を使って

$$\Delta_\mathrm{r} G^\ominus = \Delta_\mathrm{f} G^\ominus_\mathrm{C} + \Delta_\mathrm{f} G^\ominus_\mathrm{D} - \{\Delta_\mathrm{f} G^\ominus_\mathrm{A} + \Delta_\mathrm{f} G^\ominus_\mathrm{B}\}$$

のように求められる．標準生成ギブズエネルギーの表を使えば，様々な反応の化学平衡を事前に検討することができる．

なお，過渡的な状態に過ぎない遷移状態に対して，このような考え方を適用することはできない．そうなると，反応速度定数は実験的に決めるものと考えるべきで，事前に予備的な検討を行うことは一般的に困難ということになる．

しかしながら，これでは何か役に立つ反応を探すにしても，反応が我々の我慢できる時間スケールで進行するか否かはやってみなくては分からないということになってしまう．一般的にはこう考えるしかないが，同じ反応機構によって進むと考えられる類似の反応に対しては，平衡定数 K が大きいほど反応速度定数 k が大きい場合があることも分かってきた．これは以下で見るように標準反応ギブズエネルギーが小さいほど活性化ギブズエネルギーが小さいということに対応し，**直線自由エネルギー関係**と呼ばれる．

この関係は図 5.1 に示されたエネルギーダイアグラムをイメージすれば理解しやすいであろう．横方向は反応座標 ξ，縦方向はギブズエネルギー $G(\xi)$ を表している．左右の曲線の底の $\frac{\partial G}{\partial \xi}G = 0$ となる ξ が安定な反応物および生成物に対応し，これらは安定な構造から変形することでギブズエネルギーが上昇する．変形がさほど大きくないと

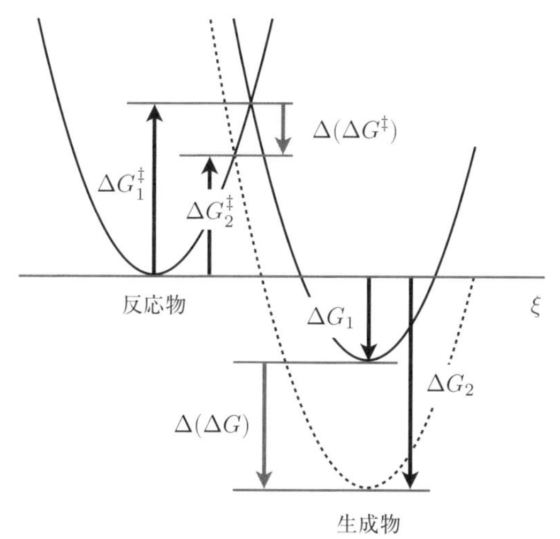

図 5.1　直線自由エネルギー関係

すれば，それぞれのエネルギー関数は ξ の 2 次関数と考えてよいだろう．そして，遷移状態は反応物と生成物のエネルギー関数の交点であると考える．反応が変わってもそれぞれの曲線の形状は変化せず，反応の違いは生成物のエネルギー曲線の上下で表現されるとする．生成物のエネルギー曲線が実線から点線に変化して反応ギブズエネルギーが $\Delta(\Delta G) = \Delta G_2 - \Delta G_1$ だけ変化したとすると，対応する活性化ギブズエネルギーの変化 $\Delta(\Delta G^{\ddagger}) = \Delta G_2^{\ddagger} - \Delta G_1^{\ddagger}$ との間に

$$\Delta(\Delta G^{\ddagger}) \sim \sigma\Delta(\Delta G) \quad (0 < \sigma < 1) \tag{5.10}$$

が成立することは図からも明らかであろう．遷移状態，生成物へのギブズエネルギー変化の間に比例関係が成立しており，これが直線自由エネルギー関係という名称の由来である．式 (5.10) を仮定すれば

$$\ln\frac{k_2}{k_1} = \sigma\left(\ln\frac{K_2}{K_1}\right) \tag{5.11}$$

を示すことができ，平衡定数 K が大きいほど反応速度定数 k が大きくなることが分かる．

5.2.2 反応の熱力学的支配と速度論的支配

これまで見てきたように，化学平衡での生成物の存在比は反応ギブズエネルギーによって決まり，反応速度定数は活性化ギブズエネルギーによって決まる．前項の直線自由エネルギー関係によれば，活性化ギブズエネルギーと反応ギブズエネルギーは比例関係で結ばれており，化学平衡で多くできる物質があれば，その生成反応も速いことが想定されて調和しているように見える．

しかしながら，直線自由エネルギー関係の成り立たない図 5.2 のよう

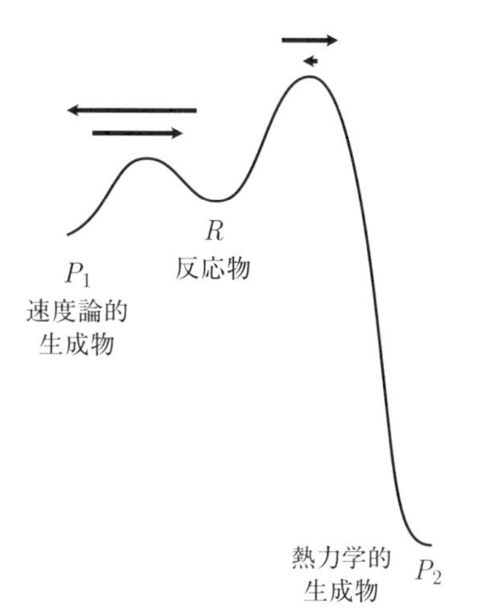

図 5.2　反応の熱力学的支配と速度論的支配

な反応も数多く存在する．この図で注目すべきは，より安定な生成物を生じる反応の方が高い活性化エネルギーを持っていて，反応が遅いということである．このとき，平衡論と速度論の間に矛盾はないのだろうか．

図中の記号 R，P_1，P_2 はそれぞれ，反応物，生成物 1，生成物 2 を表していて[3)]，曲線は反応座標に沿ったギブズエネルギー変化を模式的に表している．当初は R のみが存在しているとしよう．この図に示された系では，P_2 を生じる右向き反応の方がより安定化を得られるから，化学平衡の観点からは右向き反応が優先するはずである．一方で，R から見て活性化ギブズエネルギーが低いのは P_1 を生じる反応であるから，速度定数の観点からは左向き反応が優先するはずである．これらは一見矛盾するようであるが，もちろん矛盾していない．それは以下のように考えればよい．

反応開始の直後は，活性化ギブズエネルギーの低い反応によって P_1 の生成が P_2 の生成に優先する．その意味でどのような反応も反応開始

---

3)　R は reactant，P は product の略．

直後は活性化ギブズエネルギーによって反応の選択性が決まると言える．しかしながら，一旦生じた P_1，P_2 から R に戻る逆反応を考えると，$P_2 \to R$ の活性化ギブズエネルギーは $P_1 \to R$ に比べて著しく大きいことが分かる．つまり，逆反応の起こりにくさにおいて，P_2 は P_1 を大きく凌駕している．したがって，P_1 は生成しやすいものの逆反応で壊れやすいのに対して，P_2 は生成しにくいものの一旦できてしまえばそのまま存在し続けることになる．このように考えると，十分に長い時間が経過した後では，熱力学の予測通りに P_2 の生成量が P_1 の生成量に勝るのである．

生成物の存在比が活性化ギブズエネルギーの違いで決まっている場合，反応の選択性は速度論的に決まっており，一方，反応ギブズエネルギーの違いで決まっている場合には熱力学的に決まっていることになる．それぞれの状況を反応の**速度論的支配**，**熱力学的支配**と呼び，速度論的支配で優先される生成物を速度論的生成物，熱力学的支配で優先される生成物を熱力学的生成物と呼ぶ．

ここで注意したいのは，反応速度は反応によって様々であるから，反応開始後のある適当な時間において，生じた P_1，P_2 の比がどちらで決まっているかは反応によるということである．ある反応時間において，素反応が十分に速ければ平衡に達していて熱力学的支配になっているということもあるし，逆に素反応が遅ければ速度論的支配になっているということもある．もちろん，同一の反応であれば，相対的により短い反応時間では速度論的支配，長い反応時間では熱力学的支配であると言える．また，低温では素反応が遅く速度論的支配に，高温では素反応が速く熱力学的支配になる．直線自由エネルギー関係が成立しない反応は一見扱いにくいように見えて，反応条件を変えることで望みの生成物の存在量を増やすことができるという意味では御しやすいとも言えよう．

5.3　最適の反応条件を探る

ある有用な反応があってそれをうまく進めたいときに，我々にできることとして何があるだろうか．最初に思いつくのは，温度や圧力を変えてみるということだろう．これは反応の平衡を生成物側にずらして平衡定数を大きくすることに対応する．つまり，熱力学的なアプローチである．だとすれば，速度論の観点からのアプローチもあるはずである．これは遷移状態のエネルギーを変化させることに対応する．

ここでは**空中窒素固定反応**

$$N_2 + 3\,H_2 \rightleftharpoons 2\,NH_3$$

を例に，両者の観点から反応がうまく進む条件を議論してみよう．この反応は，空気中の窒素 N_2 を植物が生育に利用可能なアンモニア NH_3 に変えることからそのように呼ばれる．窒素は生命活動に必須な元素であり，我々は植物から，植物は土壌からそれを得ている．しかし土壌への窒素の自然な供給には限界があり，土壌窒素のみでは人類は 20 億人程度しか地球上に住めないとも言われる．そこで出てくるのが空気中の N_2 が使えないか，つまり空中窒素固定反応をうまく進められないかというアイディアである．

5.3.1　熱力学的アプローチ

熱力学的なアプローチで我々に可能なのは，巨視的な変数である温度 T および圧力 P を変えてみることである．ルシャトリエの原理によれば，状態変数を変化させるとその変化を打ち消す方向に平衡が移動するということであった．温度を上げた場合，その効果を打ち消すように平衡が終状態側へ移動する反応は吸熱反応ということになる．同様に考えれば，温度を下げた場合により進行するようになるのは発熱反応ということになる．

空中窒素固定反応は

$$\Delta_\mathrm{r} H^\ominus = -92.2\ \mathrm{kJ/mol}$$

の発熱反応であるから，低温条件の方がより多くのアンモニアが得られるはずだということになる[4)]．圧力に関しては既に 4.3.2 項で議論した通り，全圧を上げた方がより多くのアンモニアを得ることができる．これは空中窒素固定反応が反応の進行によって気体分子の数が減る反応だからであった．

---

4) なお，このことをルシャトリエの原理に頼らずに示すこともできる．興味のある人は以下をフォローしてみるとよい．有利な温度条件を探るには K_p の温度依存性を調べればよい．$G = H - TS$ より $\mathrm{d}G = \mathrm{d}H - T\mathrm{d}S - S\mathrm{d}T$ であるから

$$S = -\left(\frac{\partial G}{\partial T}\right)$$

の関係がある．これを G の定義式に代入して得られる

$$G = H + T\left(\frac{\partial G}{\partial T}\right) \tag{5.12}$$

を反応前後に適用して差をとると，

$$\Delta_\mathrm{r} G^\ominus = \Delta_\mathrm{r} H^\ominus + T\frac{\partial}{\partial T}\Delta_\mathrm{r} G^\ominus \tag{5.13}$$

となる．これを式 (4.32) を温度 T で偏微分した

$$\frac{\partial}{\partial T}\Delta_\mathrm{r} G^\ominus = -R\ln K_p - RT\frac{\partial}{\partial T}\ln K_p \tag{5.14}$$

と組み合わせると

$$\frac{\partial}{\partial T}\ln K_p = \frac{\Delta_\mathrm{r} H^\ominus}{RT^2} \tag{5.15}$$

が得られる（ファントホッフの定圧平衡式）．空中窒素固定反応は発熱反応，すなわち $\Delta_\mathrm{r} H^\ominus < 0$ であるから K_p は温度上昇とともに小さくなり平衡は反応物側にずれる．すなわち，生成物側に平衡をずらそうと思えば温度は低い方が望ましい．

5.3.2　速度論的アプローチ

化学平衡の立場からは，多くのアンモニアを得ようと思えば低温高圧条件がよいことが分かった．しかしながら実験をしてみると，例えば室温では反応は全く進まない．遷移状態のエネルギーが高過ぎて，なかなか反応が進まないのである．反応の速度を上げようと思えば，遷移状態のエネルギーを下げて活性化エネルギーを下げればよい．そのような役割を果たすものとして知られるのが**触媒**である．

1816 年に Sir H. Davy (1778－1829) は Pt の粉末が酸素や有機化合物への水素の付加反応を加速すること，また反応後も Pt 粉末はそのまま残っていることを見いだしている．この場合，Pt は反応式には現れない．反応式に現れないということは化学平衡には影響を与えず，反応速度のみに影響を与えていることになる．この点に注目して F. W. Ostwald (1853－1932) は触媒を “化学平衡を変化させることなく遷移状態のエネルギーを下げて反応を加速する物質” と定義した．

ただし，どのような物質がある反応の触媒として作用するかは簡単には分からない．空中窒素固定反応の触媒研究に先鞭をつけたのは F. Haber (1868－1934) である．Haber は R. Le Rossignol (1884－1976) と田丸節郎 (1879－1944) の助けを得て 1909 年に Os 触媒を用いた 175 気圧，550 ℃ で毎時 80 g の液体アンモニアの合成に成功した．

この高温高圧条件は実用化にとって大きなハードルであったが，BASF 社の C. Bosch (1874－1940) が高圧反応設備の設計開発を行い工業化を実現した．P. A. Mittasch (1869－1953) は触媒の改良を行い，四三酸化鉄 (Fe_3O_4) をベースにした触媒が活性が高く，比較的安価かつ高温高圧条件下で長寿命であることを見いだした．1913 年に年産 8700 t のアンモニア合成工場は運転を開始する．反応条件は 200 気圧，500 ℃ であった．

6 酸と塩基

《目標＆ポイント》 多様な化学反応の１つの類型である酸塩基反応について学ぶ．ブレンステッド・ローリーやルイスの酸塩基概念に基づく酸解離指数 $\mathrm{p}K_{\mathrm{a}}$ および HSAB 則を用いて，酸塩基反応の統一的理解を目指す．
《キーワード》 酸とアルカリ，酸と塩基，アレニウスの電離説，ブレンステッド・ローリーの酸塩基，酸解離指数，ルイスの酸塩基，HSAB 則

6.1 酸塩基とは

6.1.1 酸塩基反応

最も代表的で典型的な酸塩基反応と言えば，塩酸（酸）と水酸化ナトリウム（塩基）の反応によって食塩（塩）と水が生じる

$$\mathrm{HCl} + \mathrm{NaOH} \longrightarrow \mathrm{NaCl} + \mathrm{H_2O} \qquad (6.1)$$

という反応であろう．酸と塩基から塩を生じる反応を**酸塩基反応**と呼ぶ．一方で上記のような，いかにも酸や塩基であるような物質以外にも，酸や塩基とみなすことができる物質は数多く存在する．酸塩基概念——一体何が酸であり何が塩基であるかは，長らく曖昧であったが，19 世紀末に至って明確な定義がなされ，現代では多くの物質間の反応を酸塩基反応として見ることができるようになっている．

酸や塩基が明確に定義されるよりはるか昔から，酸や（塩基に対応する）アルカリという言葉は存在した．科学的な定義はともかくも，酸や

アルカリという名称で呼ばれる物質群の存在は古くから認識されていたということである．酸 (acid) は酢を意味するラテン語 “acetum” に，アルカリ (alkali) は植物の灰を意味するアラビア語 “al qālī” に由来する．今でも最も身近な酸はお酢である酢酸や柑橘類に含まれるクエン酸であるし，身近で最も強いアルカリは，木灰を水に溶かすことで得られる灰汁である (図 6.1).

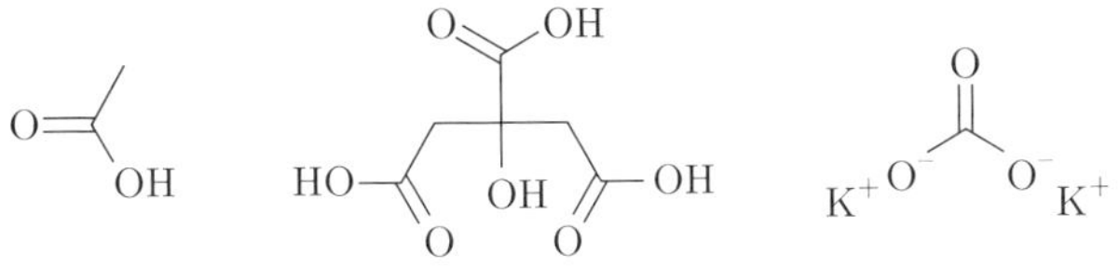

酢酸
(食酢)

クエン酸
(柑橘類)

炭酸カリウム
(灰汁)

図 6.1　身近な酸とアルカリ

酸はそのすっぱい味，水への溶解性，また，金属を腐食したり，ミルクを凝固したりする性質によって識別された．アルカリは，もっぱら酸と反応してその働きを弱める物質として知られていた．

17 世紀に近代化学の端緒を開いた R. Boyle (1627 – 1691) は，酸塩基についても大きな足跡を残している．彼は，酸が硫化物溶液から硫黄を沈殿させたり，青い植物色素を赤変させたりする性質を持つこと，また対照的にアルカリが硫黄を溶解させたり，赤い植物色素を青変させたりする性質を持つことを示した．また同時期に J. R. Glauber (1604 – 1670) は，酸とアルカリの “対称性” から，両者は相反する性質を持っていると考え，さらに塩が酸・アルカリ反応の生成物であることを明確にした．18 世紀に入って G.-F. Rouelle (1703 – 1770) は酸と反応して塩を生じる物質が従来のアルカリ類にとどまらず，アルカリ土類元素の水酸化物，炭酸塩，金属，油類も同様な反応を起こすことを明らかにし，より一般的な概念として塩基 (base) を導入する．ここで base という言葉が用いられたのは，酸との反応によって生じた塩が，加熱によって

$$Na_2CO_3(s) \longrightarrow Na_2O(s) + CO_2(g) \tag{6.2}$$

のようにしばしば揮発性の酸性成分と不揮発性の basic な残分とに分解するという観察に基づいている．

6.1.2 アレニウスの電離説

それらの持つ様々な一群の性質によって大まかに分類されていたに過ぎない酸と塩基に，初めて明確な定義を与えたのは Arrhenius である．彼がその定義を与えるより少し前から様々な物質の水溶液の電気伝導度を調べる実験が広く行われるようになっており，その中で酸塩基に関連する 1 つの事実が浮かび上がってきた．それはつまり，電気伝導を生じるのは "塩" の水溶液であるということである．式 (6.1) で示される反応で生じる食塩の水溶液が電気を流すことはよく知っているであろう．水溶液中で電気伝導を担うのはイオンであるから，ここに酸塩基に対するアレニウスの電離説 (1887 年) が成立する．これによれば，酸と塩基は次のように定義される．

アレニウスの酸塩基

水に溶けて H^+ と A^- を生じる化合物 HA を酸と呼び，OH^- と B^+ を生じる化合物 BOH を塩基と呼ぶ．

この定義に従えば，酸塩基の中和反応は，水素イオン H^+ と水酸化物イオン OH^- が結合して水を生成し，同時に塩 BA を生成する反応ということになる．つまり，式 (6.1) において HCl と NaOH は

$$HCl\,(aq) \longrightarrow H^+\,(aq) + Cl^-\,(aq) \tag{6.3}$$

$$\mathrm{NaOH(aq)} \longrightarrow \mathrm{Na^+(aq)} + \mathrm{OH^-(aq)} \tag{6.4}$$

のように解離 (電離) していて，酸性と塩基性が相互に打ち消し合うのは

$$\mathrm{H^+(aq)} + \mathrm{OH^-(aq)} \longrightarrow \mathrm{H_2O} \tag{6.5}$$

のような中和反応によって水となるためだと考えられることになる．このような考え方を**電離説**と呼ぶ．塩酸や水酸化ナトリウムは水溶液中で完全に解離し，それぞれ強酸，強塩基と呼ばれる．弱酸や弱塩基の場合，それぞれの解離は可逆反応であり平衡を考えることになる．

6.1.3　水素イオン指数と水溶液の液性

酸は水素イオン $\mathrm{H^+}$ を生じるものとして定義されたので，酸の強さをその活量 $a_{\mathrm{H^+}}$ で定量化することが可能となる．ただし，一般に $a_{\mathrm{H^+}}$ は幅広い範囲の値をとりうるので常用対数をとった水素イオン指数を用いる方が便利である．これは次のように定義される．

水素イオン指数 (pH)

水素イオン指数 (pH) は水素イオン活量の常用対数の負値として以下のように定義される．

$$\mathrm{pH} = -\log a_{\mathrm{H^+}} \tag{6.6}$$

ただし，通常水中の水素イオンは希薄であると考えられるから，活量 $a_{\mathrm{H^+}}$ は水素イオン濃度 $[\mathrm{H^+}]$ で代用することができる．このことを踏まえて，HCl の 0.1 mol/L 水溶液の pH を計算してみよう．HCl は強酸であるので，完全に電離する．したがって $[\mathrm{H^+}] = 0.1$ であり，pH は 1 となる．HCl の濃度を 0.01 mol/L，0.001 mol/L と下げていくと，pH はそれぞれ 2，3 と増えていく．

ところで，HCl の濃度を限りなく小さくしていったときに，pH がいくらでも大きな値をとるかというと，そうはならない．水もわずかに電離することが知られているからである．水の解離反応

$$H_2O \rightleftharpoons H^+ + OH^- \tag{6.7}$$

の平衡定数 K_w は，

$$K_w = \frac{a_{H^+} a_{OH^-}}{a_{H_2O}} \sim [H^+][OH^-] = 1.0 \times 10^{-14} \tag{6.8}$$

という値をとる (25 ℃)．K_w を**水のイオン積**と呼ぶ．純水の解離においては $[H^+] = [OH^-]$ であるから，

$$[H^+] = \sqrt{1.0 \times 10^{-14}} = 1.0 \times 10^{-7} \tag{6.9}$$

であることが分かる．これは pH = 7 に対応する．すなわち，強酸の濃度が 10^{-8} mol/L のように低くなっても，水の自己解離による $[H^+]$ が存在するため，酸の水溶液を考えている限りは pH は 7 を超えることはない．pH が 7 を超えるのは水溶液が塩基性のときである．例えば，NaOH の 0.1 mol/L 水溶液を考えてみよう．NaOH は強塩基であるから完全に解離する．したがって $[OH^-] = 0.1$ である．ここで K_w を使うと，

$$[H^+] = \frac{K_w}{0.1} = 1.0 \times 10^{-13} \tag{6.10}$$

となり，これは pH=13 に対応する．$[OH^-]$ が小さな値となればなるほど，pH は 7 に近づく．つまり，pH は水溶液の酸性，塩基性の尺度として利用できる．pH が 7 より小さければ酸性，7 であれば中性，7 より大きければ塩基性である．

6.2 ブレンステッド・ローリーの酸塩基

6.2.1 プロトンの授受としての酸塩基反応

1923 年に J. N. Brønsted (1879 – 1947) と T. M. Lowry (1874 – 1936) はそれぞれ独立に，新しいより一般的な酸塩基の定義を提案した．

ブレンステッド・ローリーの酸塩基

酸とはプロトン供与体であり，塩基とはプロトン受容体である．

この考え方に従うと，HCl が水中で電離する反応は

$$\mathrm{HCl} + \mathrm{H_2O} \longrightarrow \mathrm{Cl^-} + \mathrm{H_3O^+} \tag{6.11}$$

と考えられる．HCl は H_2O にプロトンを与えているので，このように定義しても確かに HCl は酸である．一方，NaOH は水溶液中で

$$\mathrm{NaOH} \longrightarrow \mathrm{Na^+} + \mathrm{OH^-} \tag{6.12}$$

のように電離するが，電離しただけではプロトンの授受は起きていない．引き続いて起こる

$$\mathrm{OH^-} + \mathrm{H_2O} \longrightarrow \mathrm{H_2O} + \mathrm{OH^-} \tag{6.13}$$

という反応において OH^- が H_2O から H^+ を受け取って H_2O になっている．つまりブレンステッド・ローリーの定義によれば，NaOH 自体は塩基ではなく，電離して生じる OH^- が塩基ということになる．

6.2.2 酸塩基の共役関係

注意深い人は既に気づいたかもしれないが，式 (6.11) において HCl

がプロトンを H_2O に与えた酸であったということは，H_2O はプロトンを貰っているので塩基である．また，逆反応を考えると右辺の H_3O^+ はプロトンを与える酸，Cl^- はプロトンを貰う塩基となっている．この関係を明示して書くと，

$$\mathrm{HCl\,(acid) + H_2O\,(base) \rightleftharpoons Cl^-\,(base) + H_3O^+\,(acid)} \tag{6.14}$$

ここで，授受されるプロトン以外の部分については左右で HCl (acid) と Cl^- (base) が対応し，H_2O (base) と H_3O^+ (acid) が対応する．つまり，正逆反応で酸であったものは塩基に，塩基であったものは酸になっている．このような関係を**共役**と呼ぶ．より具体的に言えば，酸 HCl の共役塩基は Cl^- であり，塩基 H_2O の共役酸は H_3O^+ であるということになる．

6.2.3 酸塩基の強度

水溶液中でのブレンステッド酸 (HA) の電離は

$$\mathrm{HA + H_2O \rightleftharpoons H_3O^+ + A^-} \tag{6.15}$$

と書くことができる．この反応の平衡定数すなわち**酸解離定数** K_a は

$$K_\mathrm{a} = \frac{a_{\mathrm{H_3O^+}} a_{\mathrm{A^-}}}{a_{\mathrm{HA}} a_{\mathrm{H_2O}}} \sim \frac{[\mathrm{H_3O^+}][\mathrm{A^-}]}{[\mathrm{HA}]} \tag{6.16}$$

で与えられる．一方，共役塩基 A^- の水溶液中での反応

$$\mathrm{A^- + H_2O \rightleftharpoons HA + OH^-} \tag{6.17}$$

の平衡定数すなわち**塩基解離定数** K_b は

$$K_\mathrm{b} = \frac{a_{\mathrm{HA}} a_{\mathrm{OH^-}}}{a_{\mathrm{A^-}} a_{\mathrm{H_2O}}} \sim \frac{[\mathrm{HA}][\mathrm{OH^-}]}{[\mathrm{A^-}]} \tag{6.18}$$

で与えられる．ここでやはり解離定数は幅広い値をとりうるので，これらに対しても**解離指数**を

$$\mathrm{p}K_\mathrm{a} = -\log K_\mathrm{a},\quad \mathrm{p}K_\mathrm{b} = -\log K_\mathrm{b} \tag{6.19}$$

のように定義して用いる．$\mathrm{p}K_\mathrm{a}$ の値が小さいほど強い酸であり，$\mathrm{p}K_\mathrm{b}$ の値が小さいほど強い塩基である．ここで，式 (6.16)，式 (6.18) の積をとると

$$K_\mathrm{a}K_\mathrm{b} = [\mathrm{H_3O^+}][\mathrm{OH^-}] = K_\mathrm{w} \tag{6.20}$$

が得られる．両辺の対数をとって -1 をかけると，

$$\mathrm{p}K_\mathrm{a} + \mathrm{p}K_\mathrm{b} = 14 \tag{6.21}$$

という関係があることが分かるから，次のことが結論できる．

共役酸・共役塩基の強度

強酸の共役塩基は弱塩基であり，弱酸の共役塩基は強塩基である．

また，$\mathrm{p}K_\mathrm{b} = 14 - \mathrm{p}K_\mathrm{a}$ であることを使って，塩基の強度を共役酸の強度で表示することも多い (表 6.1)．$\mathrm{p}K_\mathrm{a}$ が小さいほど酸として強く，$\mathrm{p}K_\mathrm{a}$ が大きいほど共役な塩基は塩基として強いということになる．$\mathrm{p}K_\mathrm{a}$ によって，通常は酸塩基性を議論することのない $\mathrm{H_2}$ についてもその酸塩基性を様々な物質群の中に位置づけることが可能となる．表 6.1 によれば $\mathrm{H_2}$ の $\mathrm{p}K_\mathrm{a}$ は 36 とその酸性は極めて弱い．これゆえ通常は $\mathrm{H_2}$ の酸性度など議論することはない．しかしながら同時に，弱酸の共役塩基は強塩基であったから，$\mathrm{H^-}$ が存在すれば，他の物質からプロトンを引き抜く力が極めて強いということも知れるのである．すべての酸塩基が $\mathrm{p}K_\mathrm{a}$ という統一的尺度で論じられることの利点は大きい．

表 6.1 様々な化合物の pK_a

	共役酸	pK_a	共役塩基
アルカン	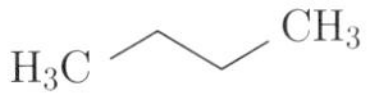 $H_3C-CH_2-CH_2-CH_3$	~50	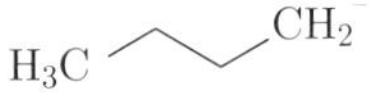 $H_3C-CH_2-CH_2-CH_2^-$
水素	H−H	36	H^-
アルコール	H_3C-OH	15.5	H_3C-O^-
水	H_2O	14	OH^-
カルボン酸	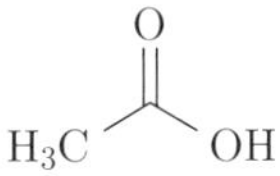 $H_3C-C(=O)-OH$	4.76	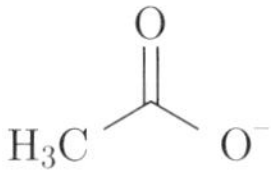 $H_3C-C(=O)-O^-$
フッ化水素酸	HF	3.17	F^-
硫酸	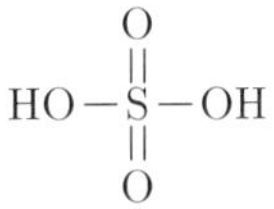 $HO-S(=O)_2-OH$	−3	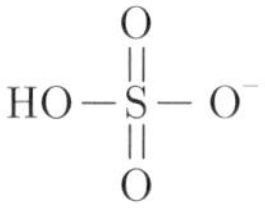 $HO-S(=O)_2-O^-$
塩酸	HCl	−8	Cl^-
ヨウ化水素酸	HI	−10	I^-

6.2.4 pK_a で分かる酸塩基反応の向き

pK_a は，酸塩基の強さの指標となるだけでなく，反応の向きの予言さえ可能とする．具体例として再び HCl と NaOH の反応を取り上げよう．NaOH は電離した OH^- が塩基の主体であったことを思い出すと，反応式は

$$HCl + OH^- \rightleftharpoons H_2O + Cl^- \tag{6.22}$$

と書くのがよいだろう．これは

$$\mathrm{HCl} \longrightarrow \mathrm{H}^+ + \mathrm{Cl}^- \tag{6.23}$$

$$\mathrm{OH}^- + \mathrm{H}^+ \longrightarrow \mathrm{H_2O} \tag{6.24}$$

という 2 つの反応からなっていると見ることができる．ここで HCl の酸解離定数 K_{HCl} および OH^- の共役酸 $\mathrm{H_2O}$ の酸解離定数 $K_{\mathrm{H_2O}}$ が

$$K_{\mathrm{HCl}} = \frac{[\mathrm{H}^+][\mathrm{Cl}^-]}{[\mathrm{HCl}]} \tag{6.25}$$

$$K_{\mathrm{H_2O}} = \frac{[\mathrm{H}^+][\mathrm{OH}^-]}{[\mathrm{H_2O}]} \tag{6.26}$$

であることを考慮すると，反応の平衡定数 K_{reac} は

$$K_{\mathrm{reac}} = \frac{[\mathrm{H_2O}][\mathrm{Cl}^-]}{[\mathrm{HCl}][\mathrm{OH}^-]} = \frac{K_{\mathrm{HCl}}}{K_{\mathrm{H_2O}}} \tag{6.27}$$

で与えられることが分かる．このとき，両辺の対数をとって -1 をかければ

$$\mathrm{p}K_{\mathrm{reac}} = \mathrm{p}K_{\mathrm{HCl}} - \mathrm{p}K_{\mathrm{H_2O}} = -8 - 14 = -22 \tag{6.28}$$

となる．最後の具体的な数字は表 6.1 の値を用いて計算した．これはつまり，

$$K_{\mathrm{reac}} = 10^{22} \tag{6.29}$$

を意味するから，反応の平衡は圧倒的に右側に偏り，事実上

$$\mathrm{HCl} + \mathrm{OH}^- \longrightarrow \mathrm{H_2O} + \mathrm{Cl}^- \tag{6.30}$$

のように書くのが正しいということになる．これは確かに，我々の知っている中和反応の向きに一致している．

以上の議論を一般化すると，酸 (HA) と塩基 (B^-) の間の反応

$$HA + B^- \rightleftharpoons A^- + HB \tag{6.31}$$

の平衡定数 K_{reac} は酸 HA の pK_a と塩基 B^- の共役酸 HB の pK_a を用いて

$$K_{reac} = 10^{-(pK_a[HA]-pK_a[HB])} \tag{6.32}$$

と書くことができる．したがって，$pK_a[HA] - pK_a[HB]$ が小さいときにその反応は進行するということになるが，この条件は HA が強酸で B^- が強塩基の条件であるから，より分かりやすいのは次の表現であろう．

酸塩基反応の一般則

ブレンステッド・ローリーの酸塩基反応では

$$強酸 + 強塩基 \longrightarrow 弱塩基 + 弱酸 \tag{6.33}$$

の向きに反応が進行する．

6.2.5 pK_a と pH

pK_a と pH の関係を確認しておこう．弱酸 HA の酸解離平衡

$$HA \rightleftharpoons H^+ + A^-$$

を考えたとき，濃度 C の弱酸 HA の解離度が x であるとすると，

$$K_a = \frac{[H^+][A^-]}{[HA]} = \frac{(Cx)(Cx)}{C(1-x)} = \frac{Cx^2}{1-x} \tag{6.34}$$

が成り立つ．K_a は定数であるから，濃度が低くなると解離度が増す（オ

ストワルドの希釈律)．ここではある程度濃度が高く解離度が小さいとしよう．このとき $K_a \sim Cx^2$ より $x = \sqrt{K_a/C}$ が成り立ち，

$$[H^+] = Cx = \sqrt{K_a C} \tag{6.35}$$

という関係が得られる．両辺の常用対数をとり -1 をかければ

$$pH = \frac{1}{2}pK_a - \frac{1}{2}\log C \tag{6.36}$$

が成立する．この式から，弱酸 HA の pH はもちろん濃度に依存するが，その基準を決めるのが pK_a であるということが分かる．

6.3 ルイスの酸塩基

6.3.1 Lewis による酸塩基の定義

Brønsted と Lowry がプロトンの授受に着目して酸塩基を定義したのと同じ 1923 年に，G. N. Lewis (1875 – 1946) は次のような酸塩基の定義を与えた．

ルイスの酸塩基

酸とは電子対の受容体であり，塩基とは電子対の供与体である．

いかなる分子も電子を持つから，この定義であればプロトンを含まない次のような系にも適用できる．

$$\underset{\text{ルイス酸}}{BF_3} + \underset{\text{ルイス塩基}}{:NH_3} \rightleftharpoons \underset{\text{ルイス塩 (配位化合物)}}{F_3B \leftarrow NH_3} \tag{6.37}$$

ここで，裸の B は 3 つの価電子を持つことから 3 つの F と共有結合を作る．したがって BF_3 の B は 6 つの価電子を持っていることになる．**オクテット則**によれば，価電子 8 個で安定となるから，BF_3 は NH_3 の非共有電子対を受容するルイス酸ということになる．右辺の $F_3B \leftarrow NH_3$

における $\leftarrow$ は NH_3 の電子対が BF_3 に供与されて共有結合が生じたことを表していて，特にそのような共有結合は**配位結合**とも呼ばれる．

ルイスの定義とブレンステッド・ローリーの定義を比較するために，プロトンの授受がある次のような反応を考えてみよう．

$$HCl + H_2O \rightleftharpoons Cl^- + H_3O^+ \tag{6.38}$$

これは HCl がプロトンを供与するブレンステッド酸であることを示す反応になっているが，HCl は電子対の受容体ではないからルイス酸ではない．この場合には

$$HCl + H_2O \rightleftharpoons (H^+ + Cl^- + H_2O) \rightleftharpoons Cl^- + H_3O^+ \tag{6.39}$$

のように考えると，ルイス酸，ルイス塩基はそれぞれ H^+，H_2O であり，ブレンステッド酸，ブレンステッド塩基はそれぞれ HCl，H_2O ということになる．HCl はルイス酸 H^+ とルイス塩基 Cl^- の配位化合物になっていることに注意しよう．

6.3.2 ルイスの定義の汎用性

ルイスの定義によれば，古くより知られる多くの無機塩は一般に，ルイス酸である金属陽イオンとルイス塩基である陰イオンからできたルイス付加体ということになる．また，基本的に共有結合から作られる有機化合物の場合でも，任意の共有結合をイオン的に開裂させればルイス酸とルイス塩基に分かれると見ることができる．例えばエタノール C_2H_5OH の C–O 結合をイオン的に開裂させれば，

$$C_2H_5OH \rightleftharpoons C_2H_5{}^+ + OH^- \tag{6.40}$$

となり，エタノールはルイス酸 $C_2H_5{}^+$ とルイス塩基 OH^- の間のルイ

ス付加体ということになる．このように考えると，あらゆる分子 AB は

$$A^+ + :B^- \rightleftharpoons A:B \tag{6.41}$$

のようにルイス酸 A^+ とルイス塩基 $:B^-$ の付加体ということになる．さらに，一般に求核置換反応[1]が

$$:B'^- + A:B \rightleftharpoons A:B' + :B^- \tag{6.42}$$

のように書けることにも注目したい．この反応はルイス酸 A^+ に対するルイス塩基 $:B'^-$，$:B^-$ の親和性の違いによって決まる．このように，ルイスの立場に立つと結合解離や結合の組み替えを酸塩基反応という 1 つのフレームワークで理解する道が開けるのである．

6.3.3　ピアソンの HSAB 則

ルイスの酸塩基によって様々な反応が視野に入るから，ルイスの酸塩基反応に対する一般的なルールが分かると役に立ちそうである．ここで，式 (6.42) で A^+ を H^+，B^- を OH^- にとれば

$$:B'^- + H_2O \longrightarrow HB' + OH^- \tag{6.43}$$

となるから，式 (6.42) の反応を HB' の pK_a で整理できるように思えるかもしれない．しかしながら，HB' の pK_a が有効な指標となるのは，あくまでも A を H^+，B^- を OH^- としたときに限られるのであって，一般の A^+，B^- に対してはうまくいかない．

ルイス酸 A^+ とルイス塩基 B^- の親和性を式 (6.41) の反応の平衡定数

$$K = \frac{[AB]}{[A^+][B^-]} \tag{6.44}$$

1)　電子リッチな試薬が電子の不足した反応中心において他の原子団と置き換わる反応．

の測定によって定量化しようという試みの中で，

$$
\begin{array}{ll}
H^{+}\text{との親和性} & F^{-} > Cl^{-} > Br^{-} > I^{-} \\
Hg^{2+}\text{との親和性} & F^{-} < Cl^{-} < Br^{-} < I^{-}
\end{array} \tag{6.45}
$$

のように，一連のルイス塩基に対する親和性の順序が 2 種類のルイス酸に対して正反対となることが見いだされた[2)]．つまり，小さなルイス酸は小さなルイス塩基との親和性が高く，大きなルイス酸は大きなルイス塩基との親和性が高くなっている．これ以外の様々な親和性の研究結果も踏まえて，R. G. Pearson (1919–) は HSAB (Hard-Soft Acid-Base) 則をまとめた．

HSAB 則

硬い酸は硬い塩基と反応し，軟らかい酸は軟らかい塩基と反応する．サイズが小さくて電荷が大きく分極率の小さいものを硬いと呼ぶ．逆であれば軟らかいと呼ぶ．

- 硬い酸
  H^{+}，Li^{+}，Na^{+}，K^{+}，Mg^{2+}，Al^{3+}，Ti^{4+}，CO_2，SO_3，BF_3
- 硬い塩基
  OH^{-}，RO^{-}，F^{-}，Cl^{-}，NH_3，CH_3COO^{-}，${CO_3}^{2-}$，NH_3，O^{2-}
- 軟らかい酸
  Hg^{2+}，Pt^{2+}，Pd^{2+}，Ag^{+}，Au^{+}，金属単体 M，${CH_3}^{+}$，BH_3
- 軟らかい塩基
  H^{-}，RS^{-}，I^{-}，PR_3，SCN^{-}，CN^{-}，S^{2-}，CO，C_6H_6

なお，上記の R はアルキル基を表す．

---

2)　もちろん，H^{+} に対する親和性の順序は表 6.1 と矛盾しておらず，最も親和性の低い I^{-} に対応する HI の $\mathrm{p}K_\mathrm{a}$ が最小となっている．

いくつか応用してみると，

- $\mathrm{HI\,(g)} + \mathrm{F^-\,(g)} \longrightarrow \mathrm{HF\,(g)} + \mathrm{I^-\,(g)}$
  H^+ は硬い酸なので，硬い塩基である F^- の方が親和性が高い．
- 水中で AgF は沈殿しないが，AgI はたやすく沈殿する．
  Ag^+ は軟らかい酸であるので，軟らかい塩基 I^- とは親和性が高いが，硬い塩基 F^- とは親和性が低い．

このように，ルイス酸とルイス塩基の反応の傾向は HSAB 則によって概ね理解することができる．一方，硬さや軟らかさがやや定性的に映ることは否定できない．より定量的な取り扱いについては第 8 章で議論する．

演習問題 6

【1】 $\mathrm{CH_3COONa} + \mathrm{HCl} \rightleftharpoons \mathrm{CH_3COOH} + \mathrm{NaCl}$ の反応の平衡定数 K を求めよ．必要に応じて表 6.1 を用いてよい．

【2】 CH_4 の安定性を HSAB 則の観点から議論せよ．

解答

【1】 6.2.4 項の議論に基づけば，

$$K = \frac{[\mathrm{CH_3COOH}][\mathrm{Na^+}][\mathrm{Cl^-}]}{[\mathrm{CH_3COO^-}][\mathrm{Na^+}][\mathrm{HCl}]} = \frac{K_\mathrm{a}^{\mathrm{HCl}}}{K_\mathrm{a}^{\mathrm{CH_3COOH}}} = \frac{10^{-(-8)}}{10^{-4.76}} = 10^{12.76}$$

であるので，反応は右に大きく偏っている．

【2】 $CH_3{}^+$ は軟らかい酸，H^- は軟らかい塩基であるから親和性は高く，CH_4 は安定であると考えられる．

7 酸化と還元

《目標＆ポイント》 酸化還元は電子の授受過程と捉えることができ，標準電極電位が物質の酸化力および還元力の統一的な指標となることを学ぶ．また，標準電極電位の表を用いることで，半反応の組み合わせとして表現される酸化還元反応がどちらに進むかを定量的に議論できることを理解する．
《キーワード》 燃焼と還元，電子の授受としての酸化還元，酸化還元平衡，標準電極電位，起電力，酸化数

7.1 酸化還元とは

7.1.1 酸化還元反応

第 1 章で少し触れたように，Lavoisier は燃焼と還元をそれぞれ，酸素原子との化合と脱離として正しく捉えることに成功した．これらの反応においては酸素原子の授受こそが本質であるから，古くからの呼称である“燃焼と還元”は，“酸化と還元”に置き換えられることとなった．この発見は 18 世紀が化学革命の時代と呼ばれる理由の中心をなす大発見であったが，現在の酸化還元の定義は酸素原子の授受に基礎を置いていない．前章の酸塩基と同様，酸化還元の定義はより一般化されており，より多くの反応が酸化還元反応として統一的に理解できるようになっている．本章でもまず酸化還元の概念の成立および発展過程を概観することから始めたい．

7.1.2　燃焼の理解の発展

火の利用は人類が初めて意識的に利用した化学変化であったと考えられる．火がもたらした恩恵は極めて大きく，古代人にとってそれは神秘・恐れ・信仰の対象となったことは想像に難くない．古代ギリシャの四元素説の元素の 1 つに “火” があることも，そのことの証左と言えよう．多くの古代人たちは，ふいごによる空気の供給によって燃焼が促進されることを知っていたが，それがなぜであるかを理解してはいなかった．

原子論的な考えに基づいて，火が何であるか，燃えるとはどういうことかを実証的に考えた最初の人は，17 世紀の Boyle であったと言ってよいであろう．彼は実験によって

- 真空中ではものは燃えない
- 硝石を混ぜた可燃性物質は真空中でも燃える
- 金属を加熱して生じる金属灰の重量は元の金属よりも大きい

ということを明らかにし，揮発性の硝石様のものが空気中にあり，それが燃焼の維持に必要であると論じた．また，金属灰の重量増加は，重さのある微粒子が金属に結合したものだと結論している．現在の我々から見れば，酸素の存在まであと一歩まで迫っているように見えるが，歴史はそう簡単には進まなかった．フロギストン説が盛んとなるのは Boyle の後のことである．

フロギストン説においては，燃焼とはフロギストンを多く含む可燃性物質からフロギストンが失われる過程とされる．金属の燃焼および還元はそれぞれ

$$\text{金属} \xrightarrow{\text{空気中で加熱}} \text{金属灰} + \text{フロギストン} \tag{7.1}$$

$$\text{金属灰} + (\text{フロギストンを含む})\ \text{木炭} \xrightarrow{\text{加熱}} \text{金属} \tag{7.2}$$

のように考えられた．この考え方が斬新であるのは，燃焼と還元をフロギストンの出入りによって統一的に考えたことである．ここで木炭がフロギストンを含む物質であることは，木炭を燃やすとフロギストンが出ていってほとんど灰が残らないことと対応していると考えると辻褄が合う．金属灰の重量が元の金属よりも増加していることは既に発見されていたが，それよりも燃焼と還元が統一的に説明されるという点が当時の人々には魅力的に映ったのか，一世紀にわたってフロギストン説は多くの支持を集めた．その後フロギストンは負の質量を持つという考え方まで現れたが，Lavoisier によって燃焼とは空気中の一部が結合する反応であるとの正しい認識が確立される．

Lavoisier は金属錫を空気とともに大きなフラスコに封入して全体を加熱し，金属の灰化を確認して加熱前後の重量を比較した．このときもちろん重量変化はない．封を切って空気を導入すると全体の重量は少し増加するが，その増加分は金属灰の重量の増加分とよく対応することが分かった．このことから，錫の重量増加は空気またはその一部が結合したことによると結論している．

また，当時水銀の金属灰は木炭の存在すなわちフロギストン源がなくとも

$$2\,HgO \xrightarrow{\Delta} 2\,Hg + O_2 \tag{7.3}$$

のように加熱だけで還元できることも知られるようになっていた．このとき発生する気体は空気に含まれる燃焼をよく助ける気体であることを J. Priestley (1733–1804) から学び，1778 年に

> 「カ焼時に金属と結合してその重量を増加させ金属灰の成分となる原質は，空気の最も健康的で純粋な成分に他ならない．これは金属と結びついた後，再び遊離する．さらに，きわめて呼吸に適

した状態をつくりだす気体でもあり，大気空気よりも発火や燃焼に適している.」

と報告した．この呼吸に適した空気は，炭素を燃やして弱い酸である二酸化炭素を生じ，非金属とは酸性酸化物を生じる．Lavoisier はこの気体に酸を作る物質という意味で酸素 (oxygen) と名前をつけた．このようにして最終的に，空気中での燃焼は酸素が結合すること——つまり酸化であり，還元は酸素が脱離することであるという認識にたどり着くこととなった．フロギストン説の優れた側面は継承しつつ，精密な測定を通じて本質的な役割を果たす酸素の存在を突き止めることができたのである.

7.1.3　電子の授受による酸化還元の定義

酸素との化合だけが燃焼ではない．例えば，熱した金属ナトリウムに塩素の気体を通じると黄色い炎を上げて燃える．花火の火薬として使われる硝石を思い出せば，空気中の酸素の助けを借りなくとも燃えることがあるのは理解できるかもしれない．また，典型的な酸化剤や還元剤を作用させて起こる反応は，酸化反応や還元反応とみなすのが自然であろう．有機化合物などでは，酸化剤を作用させると水素が引き抜かれ，還元剤を作用させると水素が付加されることが多い．現在では，これらの現象を含むより広い概念として，**電子の授受**に基づいて酸化還元を定義するのが一般的である.

現代的な酸化還元の定義

- 酸化：原子・分子から電子を取り去ること
  酸化剤は自らは還元される電子受容体．(例) $O \longrightarrow O^{2-}$
- 還元：原子・分子に電子を与えること

還元剤は自らは酸化される電子供与体．(例) Li $\longrightarrow$ Li^+

この定義に基づいて酸化還元が定義できることを確かめてみよう．マグネシウム粉末が空気中で激しく燃焼する反応は

$$2\,Mg + O_2 \longrightarrow 2\,MgO \tag{7.4}$$

のように書くことができる．Mg は O と結合したのだから典型的な酸化反応である．MgO はイオン結合性の物質で，$Mg^{2+}O^{2-}$ と表すのがより実態に即している．電子数の変化に基づく酸化還元の定義によれば，Mg は電子を失っているから確かにマグネシウムは酸化されているということになる．一方，O は電子を獲得して還元されているから，これは酸化剤の定義，自らは還元される電子受容体と対応している．

また，先ほど酸素が関係しない燃焼反応の例として挙げた

$$2\,Na + Cl_2 \longrightarrow 2\,NaCl \tag{7.5}$$

において生成物は Na^+Cl^- と表されるから，Na は電子を失い Cl は電子を獲得している．したがって，Na は酸化されていて，Cl_2 は酸化剤として働いて自身は還元されたとみなすことができる．一例ではあるが，電子数の変化に着目することで酸化還元として捉えることのできる化学変化の範囲が拡大されたということが分かるであろう．

7.2 酸化還元反応と標準電極電位

7.2.1 酸化還元反応と半反応

酸化還元反応は一般に，物質 1 の酸化体および還元体を Ox1, Red1, 物質 2 の酸化体および還元体を Ox2, Red2 として

$$\mathrm{Ox1 + Red2 \rightleftharpoons Red1 + Ox2} \tag{7.6}$$

のように書くことができる．この反応は，2 つの反応式

$$\mathrm{Ox1} + n\mathrm{e}^- \rightleftharpoons \mathrm{Red1} \tag{7.7}$$

$$\mathrm{Ox2} + n\mathrm{e}^- \rightleftharpoons \mathrm{Red2} \tag{7.8}$$

の組み合わせと考えてもよいであろう．このとき，これら 2 つの反応式は半反応式と呼ばれる．半反応式は右向きが還元反応となるように

$$\mathrm{Ox} + n\mathrm{e}^- \rightleftharpoons \mathrm{Red} \tag{7.9}$$

と書くことが推奨されている．

式 (7.9) の反応は，電池の電極近傍で実際に起こっていると考えられるから，何らかの電気化学測定によって平衡定数 K_{Red}

$$K_{\mathrm{Red}} = \frac{a_{\mathrm{Red}}}{a_{\mathrm{Ox}}(a_{\mathrm{e}^-})^n} \tag{7.10}$$

を決めることができそうである．式 (7.9) が電極近傍の反応だとすれば，e^- は電極中の電子であり，その活量は 1 と考えられるので，

$$K_{\mathrm{Red}} = \frac{a_{\mathrm{Red}}}{a_{\mathrm{Ox}}} \tag{7.11}$$

が測定によって求まることになる．

ところで式 (7.6) の酸化還元反応の平衡定数は，2 つの半反応の平衡定数 K_{Red1}，K_{Red2} を用いて

$$K_{\mathrm{reac}} = \frac{a_{\mathrm{Red1}}a_{\mathrm{Ox2}}}{a_{\mathrm{Ox1}}a_{\mathrm{Red2}}} = \frac{K_{\mathrm{Red1}}}{K_{\mathrm{Red2}}} \tag{7.12}$$

と書くことができるから，半反応の平衡定数が分かると，半反応式の組

み合わせで作られる任意の酸化還元反応の平衡がいずれに傾くか——すなわち，ある酸化還元反応が起こるか起こらないかを予測することができることになる．

7.2.2 電池の標準起電力

式 (7.9) の反応の平衡定数を直接測定することは難しいので，通常は 2 つの電極を組み合わせた化学電池の起電力の測定を通じて得られる標準電極電位という量をもってその代わりとする．化学電池とは，カソード，アノードにおいてそれぞれ半反応式で表現される酸化反応および還元反応を起こし，カソードおよびアノードを接続して電子のやりとりを許したものである．このとき，半反応は各々の電極で別々に進行しているものの，全系としてみれば式 (7.6) の酸化還元反応が進行しており，前節の酸化還元反応の考え方がそのまま反映された実験系となっている．つまり，電池における酸化還元反応の平衡定数は K_{reac} であり，反応の標準ギブズエネルギー変化 $\Delta G^{\ominus}_{\mathrm{reac}}$ と

$$-\Delta G^{\ominus}_{\mathrm{reac}} = RT \ln K_{\mathrm{reac}} \tag{7.13}$$

の関係にある．系のギブズエネルギー変化は，系が外部にできる最大の仕事に対応する．化学電池における仕事は，カソードとアノードを接続した外部回路を通じた電子の移動に伴う．系を標準状態にしておいて電池から無限小の電流を引き出すような回路を組めば，そのときになされる可逆仕事 w_{rev} は系の標準ギブズエネルギーの減少分 $-\Delta G^{\ominus}_{\mathrm{reac}}$ に等しくなる．2 つの電極の電位差が $\Delta\mathcal{E}$ であるとき，n mol の電子が移動して行う仕事は $nF\Delta\mathcal{E}$ である[1]から

$$-\Delta G^{\ominus}_{\mathrm{reac}} = nF\Delta\mathcal{E}^{\ominus} \tag{7.14}$$

---

1) F はファラデー定数で 1 mol の電荷 eN_{A} に相当する．$F = eN_{\mathrm{A}} = 1.602176634 \times 10^{-19} \cdot 6.0221409 \times 10^{23} \sim 96485\,\mathrm{C/mol}$.

と書くことができる．ここで $\Delta\mathcal{E}^{\ominus}$ は**標準起電力**と呼ばれる．つまり，標準起電力 $\Delta\mathcal{E}^{\ominus}$ の測定から電池の酸化還元反応の標準ギブズエネルギー変化が分かる．式 (7.13) と式 (7.14) から

$$\Delta\mathcal{E}^{\ominus} = \frac{RT}{nF} \ln K_{\mathrm{reac}} \tag{7.15}$$

の関係も成り立つから，起電力を測るということは，電池の両極で起こる半反応の組で定義される酸化還元反応の平衡定数を測ることと等価である．

7.2.3　標準電極電位

標準起電力を表す式 (7.15) は，式 (7.12) を使うと

$$\Delta\mathcal{E}^{\ominus} = \frac{RT}{nF} (\ln K_{\mathrm{Red1}} - \ln K_{\mathrm{Red2}}) = \mathcal{E}^{\ominus}_{\mathrm{Red1}} - \mathcal{E}^{\ominus}_{\mathrm{Red2}} \tag{7.16}$$

のように変形することができる．つまり，標準起電力は標準状態にある 2 つの電極の電位 $\mathcal{E}^{\ominus}_{\mathrm{Red1}}$，$\mathcal{E}^{\ominus}_{\mathrm{Red2}}$ の差であると考えられるということだ．これらの電極電位を**標準電極電位**と呼ぶ．ここで片方の電極の半反応を固定すれば，その半反応を基準にとった電極電位を測定によって決めることができる．そのような参照系として通常は標準水素電極 (Standard Hydrogen Electrode; SHE) が用いられる．この電極で起こる反応は

$$2\,\mathrm{H^+} + 2\,\mathrm{e^-} \rightleftharpoons \mathrm{H_2} \tag{7.17}$$

である．電極電位を決めたい半反応を

$$\mathrm{Ox} + n\mathrm{e^-} \rightleftharpoons \mathrm{Red} \tag{7.18}$$

とすると，全系の酸化還元反応は

$$\mathrm{Ox} + \frac{n}{2}\,\mathrm{H_2} \rightleftharpoons \mathrm{Red} + n\,\mathrm{H^+} \tag{7.19}$$

となるから，この電池の起電力は

$$\Delta\mathcal{E}^{\ominus} = \mathcal{E}^{\ominus}_{\mathrm{Red}} - \mathcal{E}^{\ominus}_{\mathrm{SHE}} \tag{7.20}$$

で与えられる．式 (7.18) の電極電位は SHE に対して表示するので，式 (7.17) の電極電位は 0 V となる．

7.2.4 標準電極電位による反応の予測

表 7.1 には様々な半反応に対する標準電極電位がまとめられている．これを使うと様々な酸化還元平衡を簡単に議論できる．起電力と平衡定数は式 (7.15) で結ばれていたから，K_{reac} は

$$\ln K_{\mathrm{reac}} = \frac{nF}{RT}\Delta\mathcal{E}^{\ominus} \tag{7.21}$$

と書ける．ここで

$$\ln a = \ln 10 \cdot \log a \sim 2.303 \log a$$

であることを思い出すと，

$$\log K_{\mathrm{reac}} = \frac{nF}{2.303RT}\Delta\mathcal{E}^{\ominus} \tag{7.22}$$

と変形できるから，

$$K_{\mathrm{reac}} = 10^{\frac{nF}{2.303RT}\Delta\mathcal{E}^{\ominus}} = 10^{16.9n\Delta\mathcal{E}^{\ominus}} \quad (298.15\,\mathrm{K}) \tag{7.23}$$

なる関係が導かれる．最右辺は $T = 298.15\,\mathrm{K}$ としてファラデー定数，気体定数の具体的な数値を代入したもので，平衡を標準状態で議論するのに便利な形になっている．この式はつまり，標準起電力と授受される

表 7.1　標準電極電位

還元半反応			$\mathcal{E}^{\ominus}$(V)
$F_2(g) + 2e^-$	→	$2F^-(aq)$	+ 2.87
$H_2O_2(aq) + 2H_3O^+(aq) + 2e^-$	→	$4H_2O(\ell)$	+ 1.77
$PbO_2(s) + SO_4^{2-}(aq) + 4H_3O^+(aq) + 2e^-$	→	$PbSO_4(s) + 6H_2O(\ell)$	+ 1.685
$MnO_4^-(aq) + 8H_3O^+(aq) + 5e^-$	→	$Mn^{2+}(aq) + 12H_2O(\ell)$	+ 1.52
$Au^{3+}(aq) + 3e^-$	→	$Au(s)$	+ 1.50
$Cl_2(g) + 2e^-$	→	$2Cl^-(aq)$	+ 1.360
$Cr_2O_7^{2-}(aq) + 14H_3O^+(aq) + 6e^-$	→	$2Cr^{3+}(aq) + 21H_2O(\ell)$	+ 1.33
$O_2(g) + 4H_3O^+(aq) + 4e^-$	→	$6H_2O(\ell)$	+ 1.229
$Br_2(\ell) + 2e^-$	→	$2Br^-(aq)$	+ 1.08
$NO_3^-(aq) + 4H_3O^+(aq) + 3e^-$	→	$NO(g) + 6H_2O(\ell)$	+ 0.96
$OCl^-(aq) + H_2O(\ell) + 2e^-$	→	$Cl^-(aq) + 2OH^-(aq)$	+ 0.89
$Hg^{2+}(aq) + 2e^-$	→	$Hg(\ell)$	+ 0.855
$Ag^+(aq) + e^-$	→	$Ag(s)$	+ 0.80
$Hg_2^{2+}(aq) + 2e^-$	→	$2Hg(\ell)$	+ 0.789
$Fe^{3+}(aq) + e^-$	→	$Fe^{2+}(aq)$	+ 0.771
$I_2(s) + 2e^-$	→	$2I^-(aq)$	+ 0.535
$O_2(g) + 2H_2O(\ell) + 4e^-$	→	$4OH^-(aq)$	+ 0.40
$Cu^{2+}(aq) + 2e^-$	→	$Cu(s)$	+ 0.337
$Sn^{4+}(aq) + 2e^-$	→	$Sn^{2+}(aq)$	+ 0.15
$2H_3O^+(aq) + 2e^-$	→	$H_2(g) + 2H_2O(\ell)$	0.00
$Sn^{2+}(aq) + 2e^-$	→	$Sn(s)$	- 0.14
$Ni^{2+}(aq) + 2e^-$	→	$Ni(s)$	- 0.25
$V^{3+}(aq) + e^-$	→	$V^{2+}(aq)$	- 0.255
$PbSO_4(s) + 2e^-$	→	$Pb(s) + SO_4^{2-}(aq)$	- 0.356
$Cd^{2+}(aq) + 2e^-$	→	$Cd(s)$	- 0.40
$Fe^{2+}(aq) + 2e^-$	→	$Fe(s)$	- 0.44
$Zn^{2+}(aq) + 2e^-$	→	$Zn(s)$	- 0.763
$2H_2O(\ell) + 2e^-$	→	$H_2(g) + 2OH^-(aq)$	- 0.8277
$Al^{3+}(aq) + 3e^-$	→	$Al(s)$	- 1.66
$Mg^{2+}(aq) + 2e^-$	→	$Mg(s)$	- 2.37
$Na^+(aq) + e^-$	→	$Na(s)$	- 2.714
$K^+(aq) + e^-$	→	$K(s)$	- 2.925
$Li^+(aq) + e^-$	→	$Li(s)$	- 3.045

電子のモル数が分かれば平衡定数が分かることを意味するが，標準起電力は標準電極電位の差によって計算できたから，表 7.1 を使えば表に掲載された半反応の組み合わせで表される酸化還元反応の平衡定数は簡単に求まるということになる訳だ．

具体例で見てみよう．まず最初に 2 つの半反応を選ぶ．ここでは

$$\mathrm{Cu^{2+}(aq) + 2\,e^- \rightleftharpoons Cu\,(s)} \tag{7.24}$$

$$\mathrm{Fe^{2+}(aq) + 2\,e^- \rightleftharpoons Fe\,(s)} \tag{7.25}$$

を例にとろう．いずれかの半反応をひっくり返して酸化還元反応を作る．ここでは Fe の式をひっくり返して

$$\mathrm{Cu^{2+}(aq) + Fe\,(s) \rightleftharpoons Cu\,(s) + Fe^{2+}(aq)} \tag{7.26}$$

としよう．このとき，(仮想的な) 起電力 $\Delta\mathcal{E}^\ominus$ は

$$\Delta\mathcal{E}^\ominus = \mathcal{E}^\ominus_{\mathrm{Cu^{2+}(aq),Cu\,(s)}} - \mathcal{E}^\ominus_{\mathrm{Fe^{2+}(aq),Fe\,(s)}} = 0.337 - (-0.44) = 0.777\,\mathrm{V}$$

となる．$n = 2$ であることに注意して式 (7.23) を用いれば

$$K_{\mathrm{reac}} = \frac{a_{\mathrm{Cu\,(s)}}a_{\mathrm{Fe^{2+}(aq)}}}{a_{\mathrm{Cu^{2+}(aq)}}a_{\mathrm{Fe\,(s)}}} = 10^{16.9\cdot 2\cdot 0.777} \sim 10^{26.3} \tag{7.27}$$

となり，式 (7.26) の反応の平衡は圧倒的に右に傾いていることが分かる．

この結果は例えば，硫酸銅水溶液に鉄を入れると鉄が溶けて銅が析出するであろうことを予測するものである．鉱山から流れ出る銅イオンを含む水に鉄板を浸けて銅が得られるということは中国では古くより知られており，紀元 1 世紀ごろに原型が整理されたとされる『神農本草経』に既に関連する記載がある．

式 (7.27) は鉄の方が銅よりイオンになりやすいということを意味する．より一般には標準電極電位が低い金属ほど酸化体のイオンになりやすい．イオンになりやすい順に金属を並べたものが中学校の理科で習うイオン化傾向にほかならない．表を見て確かめてみよう．

7.2.5　酸化剤・還元剤の強さ

前項の議論から，標準電極電位によって酸化剤・還元剤の強さを序列化できる．

標準電極電位と酸化剤・還元剤の強さ

〈強い酸化剤〉

標準電極電位が高い物質は還元体で存在する．自身が還元体になりやすい物質は他の物質から電子を奪う強い酸化剤である．

〈強い還元剤〉

標準電極電位が低い物質は酸化体で存在する．自身が酸化体になりやすい物質は他の物質に電子を与える強い還元剤である．

つまり，表 7.1 の上にあるのが強い酸化剤，下にあるのが強い還元剤ということになる．そのような目で表を眺めてみると，もちろん O_2 は酸化剤であるが，Cl_2 の方がより強い酸化剤であることが分かる．オキシドールを覚えている人はいるだろうか．これは過酸化水素 H_2O_2 の 3％ 水溶液であるが，標準状態ではとんでもなく強い酸化剤であることも分かる．もう少しマイルドであるが，銀も多くの物質に対して酸化剤としてふるまいそうだ．Cl_2，H_2O_2，Ag と聞くと，いずれも消毒・殺菌に使われているのに気がつくであろう．これらは要するに有機物で構成される生物類を酸化分解できる物質であるということを意味している．

7.3 酸化数

7.3.1 原子の酸化状態と酸化数

表 7.1 に出ている物質は水溶液中でイオンとなり，電子の出入りが明確にあるものが多い．このような物質については電子の授受の立場から酸化還元を定義することができ，電極電位による統一的な取り扱いが可能であることを見てきた．

一方で，7.1.3 項で少し触れたように，典型的な酸化剤や還元剤を作用させて起こる反応も酸化還元として扱えればなおよい．例えば，有機化合物に典型的な酸化剤や還元剤を作用させると，水素脱離や水素付加が起こる．このような反応を酸化還元と見るには電子の授受をより一般的に捉える必要がある．

有機化合物は基本的に共有結合からなっているから，原子間で電子は共有されており，水素の脱着において明白な電子の授受はない．しかしながら，原子によって電気陰性度は異なるため，電子分布は電気陰性度に応じて非対称に分布しうる．例えば，有機化合物の中で H は $X = C$, O, N, P, S, F, Cl と結合することが多いが，H の電気陰性度は X のいずれの原子に比べても小さく (表 7.2)，XH 結合は $X^{\delta-}H^{\delta+}$ のように分極する．このとき便宜的に $X^{-}H^{+}$ のように 1 つ電子が移動したとみ

表 7.2　電気陰性度 (Mulliken-Jaffe)

H						
2.25						
Li	Be	B	C	N	O	F
0.97	1.54	2.04	2.48	2.90	3.41	3.91
Na	Mg	Al	Si	P	S	Cl
0.91	1.37	1.83	2.28	2.30	2.69	3.10

なして酸化状態を定義する考え方がある．XH の例で言えば，X の電荷に相当する −1，H の電荷に相当する +1 を X，H それぞれの**酸化数**と呼ぶ．

7.3.2　酸化数の決め方

酸化数を決める基本的な考え方は前項の通りであるが，ここでは一連のルールとして酸化数の決め方をまとめておこう．

酸化数の決め方

1) 単原子イオンの酸化数はイオンの電荷に等しい．
2) 多原子イオンの構成原子の酸化数の和はイオンの電荷に等しい．
3) 単体中の原子の酸化数は 0.
4) ハロゲンの酸化数は −1.
5) O の酸化数は −2 (過酸化物では −1 など例外あり).
6) 非金属元素と結合した H の酸化数は +1.
7) 金属元素と結合した H の酸化数は −1.
8) 共有結合性化合物中の各原子の酸化数は，共有電子対を電気陰性度の大きい方の原子へすべて割り当てたとき，各原子に現れるみかけの電荷．

このように酸化数を定義すると，メタンの燃焼反応

$$\mathrm{CH_4 + 2\,O_2 \rightleftharpoons CO_2 + 2\,H_2O} \tag{7.28}$$

において，メタンの炭素は −4，二酸化炭素の炭素は +4 となるから，めでたく電子の授受の観点からもこの反応を酸化反応とみなすことができるようになる．また，確かに酸化剤の作用によって水素脱離が起こっ

ていることも見てとれるであろう．もちろん水素の酸化数を $+1$ とした時点でこれは当然のことである．

7.3.3 有機化学における酸化還元反応

有機化学における酸化還元反応としてアルコールの酸化がある．例えば，メタノール CH_3OH は酸化によってホルムアルデヒド CH_2O になる．先のルールに従えば，メタノールの炭素の酸化数は -2，ホルムアルデヒドの炭素の酸化数は 0 となるから，これは確かに酸化数が 2 つ増える酸化反応である．対応する半反応式を還元反応として書けば

$$CH_2O + 2\,H^+ + 2\,e^- \rightleftharpoons CH_3OH \tag{7.29}$$

となる．この標準電極電位は 0.234 V であることが知られている．

例えばここで酸化剤として二クロム酸カリウム $K_2Cr_2O_7$ が使えるかを考えてみたい．この半反応式は

$$Cr_2O_7{}^{2-}(aq) + 14\,H^+ + 6\,e^- \rightleftharpoons 2\,Cr^{3+} + 7\,H_2O \tag{7.30}$$

であり，表 7.1 によれば標準電極電位は 1.33 V である．酸化還元反応式は式 (7.29) をひっくり返して式 (7.30) と足した

$$3\,CH_3OH + Cr_2O_7{}^{2-} + 8\,H^+ \rightleftharpoons 3\,CH_2O + 2\,Cr^{3+} + 7\,H_2O \tag{7.31}$$

であり，標準起電力は $\Delta\mathcal{E}^\ominus = 1.33 - 0.234 = 1.096$ となる．したがって

$$K_\mathrm{reac} = 10^{16.9\cdot 6\cdot 1.096} = 10^{111} \tag{7.32}$$

となり，式 (7.31) の反応の平衡は圧倒的に右に傾いていることが分かるから，$K_2Cr_2O_7$ は酸化剤として十分な能力を持っていることが分か

る[2)].

一般に有機化合物の標準電極電位は $-1 \sim 1\,\mathrm{V}$ の狭い領域にあることが多いので，$K_2Cr_2O_7$ で十分に酸化される．また，Na を使えば大抵は還元されると考えてよいであろう．ただし，大きな分子の中ではどの炭素が酸化もしくは還元されやすいかにわずかな差があり，それを選択的に行いたいこともしばしばある．そのため，有機化学の分野では様々な酸化剤・還元剤が開発されて利用されている．また，生体内においては，わずかに標準電極電位の異なる酸化還元反応を使い分けて生体エネルギーの生成などが行われているが，これらの点に関しては後の章で詳しく見ることにしよう．

演習問題 7

【1】 $Fe^{2+}(aq) + 2\,e^- \rightleftharpoons Fe(s)$ および $Zn^{2+}(aq) + 2\,e^- \rightleftharpoons Zn(s)$ の半反応から作られる酸化還元反応について，平衡定数に基づいて化学平衡を議論せよ．ただし，系の温度は 298.15 K とする．

解答

【1】 $Fe^{2+}(aq) + Zn(s) \rightleftharpoons Fe(s) + Zn^{2+}(aq)$ についての仮想的な起電力は $-0.44 - (-0.763) = 0.323$ であるから，

$$K_{\mathrm{reac}} = 10^{16.9 \cdot 2 \cdot 0.323} = 10^{10.92}$$

となり，鉄が析出して亜鉛は水溶液中にイオンとして存在する．

2)　ただし，この評価は標準状態——すなわち $\mathrm{pH} = 0$ におけるものであることに注意が必要である．特に式 (7.31) に H^+ が現れているということは，この反応は pH に大きく依存することが予想される．

8 分子軌道から見た化学反応

《目標&ポイント》 分子軌道の観点から化学反応を論じるための基礎を学ぶ．分子間の相互作用において HOMO-LUMO 相互作用が重要となることを導くとともに，分子軌道から見た酸塩基・酸化還元について議論する．
《キーワード》 分子の電子状態，分子軌道，フロンティア軌道，軌道相互作用，絶対硬度

8.1 分子の電子状態

これまでに，酸化還元反応であれば半反応に対する標準電極電位，酸塩基反応であれば $\mathrm{p}K_\mathrm{a}$ が分かっていれば，それぞれの反応の化学平衡を予測できることを見てきた．その際，標準電極電位や $\mathrm{p}K_\mathrm{a}$ の値は表として与えられたものとして扱ってきた．これまでの議論のベースとして用いてきた熱力学は，物質ごとの物性値は与えられたものとして，現象を見通しよく整理するという性格を持つためである．個々の分子の標準電極電位や $\mathrm{p}K_\mathrm{a}$ がなぜその値をとるかについて知ろうと思えば，分子の電子状態を量子力学によって扱う必要――つまり量子化学の知識が必要であるが，本章ではその定性的な側面を重視して，分子の電子状態を理解するのに有用な分子軌道の概念の基礎を学び，分子軌道のエネルギーや形状が化学反応とどのように関係するかを概観する．

8.1.1　分子の電子状態の基本的な考え方

酸化還元反応は電子の授受として，また，Lewis の見方によれば酸塩基反応は電子対の授受として捉えられることを考えると，分子の中の電子がどのような状態にあるかを知ることは重要である．分子の電子状態を考える上で重要なのは，通常ニュートン力学に従う粒子であると考えられる電子が示す波動性である．一般に波動はある特定の空間に閉じ込められると，空間形状に合致する場合にのみ，その振動を継続することができる．長さ L のギターやピアノの弦で言えば，波長 λ が

$$\lambda = \frac{2L}{n}; \quad (n = 1, 2, 3, \cdots) \tag{8.1}$$

の波のみがその存在を許される．分子内の電子の波を表す波動関数も，原子核の配置で決まる電子にとっての“入れ物”に応じた形状を持ち，また，それぞれの波は対応する飛び飛びのエネルギーのみを取ることとなる．そのような分子内の電子の波の空間形状を表す波動関数（1 電子波動関数）を**分子軌道** (Molecular Orbital; MO)，対応するエネルギーを**軌道エネルギー**と呼ぶ．分子軌道 ϕ_i と対応する軌道エネルギー ϵ_i は 1 電子のシュレーディンガー方程式

$$\hat{h}\phi_i = \epsilon_i\phi_i; \quad (i = 1, 2, 3, \cdots) \tag{8.2}$$

によって定められる．ここで $\hat{h}$ は電子のエネルギーに相当する演算子であり，シュレーディンガー方程式を解くということは，演算子の関数に対する作用の結果が元の関数の定数倍となるような $\{\epsilon_i, \phi_i\}$ の組を探すことであり，このようなタイプの問題を固有値問題と呼ぶ．ここではひとまず何らかの方法でそれらの組が求められると思えばよい．

一例として図 8.1 に示したのはベンゼンの分子面垂直方向から見た分子軌道である．ここで分子軌道はある時間での波のスナップショットを

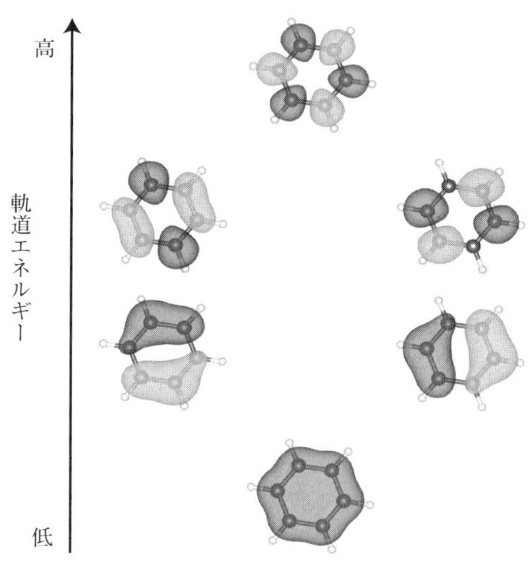

図 8.1　ベンゼンの分子軌道

等値面として表したものであり，図中の灰色の濃度の違いは波動関数の値の正負を表している．波動関数の値が常に 0 となる面は波動関数の節面 (nodal surface) と呼ばれ，一般に節面の数が多い波ほど対応するエネルギーは高くなる．ベンゼンの分子軌道においてもこの傾向が成り立っていることが見てとれるであろう．

一般に分子内には複数の電子が存在するが，同一の分子軌道に収容される電子は最大 2 つまでに制限されることが知られている．このことを踏まえると，分子の安定な電子状態は以下のようにして決まると考えればよい．

分子の安定な電子状態

分子の安定な電子状態は，1 電子シュレーディンガー方程式を解いて得られる飛び飛びの軌道エネルギーを持つ分子軌道に，エネルギーの低い順に 2 つずつ電子を入れた電子配置でよく近似できる．

8.1.2　電子授受の指標としての軌道エネルギー

先ほどのルールに従えば，N 個の電子を持つ分子の場合，N を偶数とすれば，エネルギーの低い順に 1 番目から $N/2$ 番目までの分子軌道に電子が入り，$N/2+1$ 番目よりエネルギーの高い分子軌道には電子が入っていないということになる．電子の入った軌道を被占分子軌道 (Occupied MO)，入っていない軌道を空分子軌道 (Unoccupied MO) と呼ぶ．また，最も高い軌道エネルギーを持つ被占分子軌道を Highest Occupied MO (HOMO)，最も低い軌道エネルギーを持つ空分子軌道を Lowest Unoccupied MO (LUMO) と呼ぶ．

軌道エネルギーは電子が分子の無限遠方に存在するときのエネルギーを原点として分子内でどれくらい安定化するかを示すから，被占軌道については必ず負である．ここで分子のイオン化――すなわち被占軌道のいずれかから電子を取り去ることを考えると，最もエネルギーが少なくて済むのは，HOMO からのイオン化である．この最小の**イオン化エネルギー** IE は近似的に

$$\mathrm{IE} = -\epsilon_{\mathrm{HOMO}} \tag{8.3}$$

で与えられる．また，LUMO の軌道エネルギーが負であれば，分子の負イオンは安定に存在できる．最も安定な負イオンが得られるのは LUMO への電子付加である．その際の安定化エネルギーである**電子親和力** EA はやはり近似的にではあるが，

$$\mathrm{EA} = -\epsilon_{\mathrm{LUMO}} \tag{8.4}$$

で与えられる．

イオン化エネルギーと電子親和力はそれぞれ，分子の電子供与能および電子受容能の指標となるから，標準電極電位の概算値として $-\epsilon_{\mathrm{HOMO}}$，

$-\epsilon_{\mathrm{LUMO}}$ を定性的な議論に利用できることは明らかであろう．また，HOMO および LUMO，そしてこれらにエネルギーの近い分子軌道群は，分子が他の分子と相互作用する際に重要な働きをすることから，福井[1)]によって**フロンティア軌道** (frontier orbital) と名づけられた．次節でその重要性を具体的に見てみよう．

8.2 フロンティア軌道と分子間の相互作用

8.2.1 軌道相互作用

化学反応の理論的扱いの基本は，2 つの分子が接近したときに何が起こるかを考えるところから始まる．分子軌道が分かれば対応する多電子波動関数も分かるから，2 つの分子の分子軌道が相互作用に応じてどのように変化するか——すなわち軌道相互作用の様子が分かれば，化学反応の一般則が導かれると考えられる．相互作用する前の個々の分子の分子軌道の線形結合によって複合系の分子軌道を構成してみよう．

複合系の 1 電子ハミルトニアンのシュレーディンガー方程式

$$\hat{h}\varphi = \epsilon\varphi \tag{8.5}$$

を考える．複合系の分子軌道 φ が構成分子 1，2 それぞれの分子軌道 ϕ_1，ϕ_2 の線形結合

$$\varphi = c_1\phi_1 + c_2\phi_2 \tag{8.6}$$

で書けると仮定する．係数 c_1，c_2 は軌道エネルギー期待値が極値を取る条件から定めることができる．ただし軌道 ϕ_i は実関数であるとし，係数にも実数を仮定する．

複合系の軌道エネルギーの期待値 ϵ は，式 (8.5) の左から φ の複素共役 φ^* をかけて 3 次元の空間座標 $\boldsymbol{r}$ の全空間について積分することで得

1) 福井謙一 (1918 – 1998)．フロンティア軌道理論により，1981 年アジアで初めてのノーベル化学賞を受賞した．

られるから，

$$\epsilon = \frac{\int \varphi^* \hat{h} \varphi \, \mathrm{d}\boldsymbol{r}}{\int \varphi^* \varphi \, \mathrm{d}\boldsymbol{r}} = \frac{c_1^2 h_{11} + 2c_1 c_2 h_{12} + c_2^2 h_{22}}{c_1^2 S_{11} + 2c_1 c_2 S_{12} + c_2^2 S_{22}} \tag{8.7}$$

となる．ここで h_{ij}, S_{ij} は

$$h_{ij} = \int \phi_i^* \hat{h} \phi_j \, \mathrm{d}\boldsymbol{r}, \quad S_{ij} = \int \phi_i^* \phi_j \, \mathrm{d}\boldsymbol{r} \tag{8.8}$$

で定義されており，それぞれ共鳴積分，重なり積分と呼ばれる．一般に分子軌道は自分自身との重なりが 1 になるよう規格化されており，$S_{11} = S_{22} = 1$ を満たす．また $S_{12} = S_{21} \equiv S$，$h_{12} = h_{21} \equiv \beta$，$h_{11} = \epsilon_1$，$h_{22} = \epsilon_2$ と置いて，エネルギー期待値 ϵ が極値となる変分条件

$$\frac{\partial \epsilon}{\partial c_1} = \frac{\partial \epsilon}{\partial c_2} = 0 \tag{8.9}$$

を用いると c_1，c_2 に関する連立方程式

$$c_1(\epsilon_1 - \epsilon) + c_2(\beta - \epsilon S) = 0 \tag{8.10}$$

$$c_1(\beta - \epsilon S) + c_2(\epsilon_2 - \epsilon) = 0 \tag{8.11}$$

が得られるが，これは

$$\begin{vmatrix} \epsilon_1 - \epsilon & \beta - \epsilon S \\ \beta - \epsilon S & \epsilon_2 - \epsilon \end{vmatrix} = 0 \tag{8.12}$$

に等価である．行列式を展開すれば

$$(\epsilon_1 - \epsilon)(\epsilon_2 - \epsilon) - (\beta - \epsilon S)^2 = 0 \tag{8.13}$$

のような ϵ の 2 次方程式になっており，これを解けば複合系の軌道エネ

ルギーが分かる．

■ケース1：相互作用前の軌道エネルギーが等しい場合

上記の2次方程式を満たす2つの解 $\epsilon_\pm$ は

$$\epsilon_\pm = \frac{\epsilon_1 + \epsilon_2 - 2\beta S \pm \sqrt{(\epsilon_1 - \epsilon_2)^2 + 4(\beta - \epsilon_1 S)(\beta - \epsilon_2 S)}}{2(1 - S^2)} \tag{8.14}$$

で与えられる．軌道エネルギーが等しいときを考えるので $\epsilon_1 = \epsilon_2 \equiv \epsilon_0$ と置くと，

$$\epsilon_\pm = \frac{(\epsilon_0 - \beta S) \pm (\beta - \epsilon_0 S)}{(1 - S)^2} = \frac{\epsilon_0 \pm \beta}{1 \pm S} \tag{8.15}$$

が得られる．分子どうしが離れているときには $S \sim 0$ であるから

$$\epsilon_\pm \sim \epsilon_0 \pm \beta$$

となり，共鳴積分 $\beta(< 0)$ の分だけ ϵ_+ は安定化して ϵ_- は不安定化することが分かる．S が有意に効いてくる領域では，$S > 0$ より $1 + S > 1 - S$ であるので，安定化する軌道の安定化に比べて，不安定化する軌道の不安定化の方が大きい．

■ケース2：相互作用前の軌道エネルギーが異なる場合

式 (8.14) で与えられる一般解を見てもイメージが湧きにくいので $S \sim 0$ のときを考えよう．

$$\epsilon_\pm = \frac{\epsilon_1 + \epsilon_2 \pm \sqrt{(\epsilon_1 - \epsilon_2)^2 + 4\beta^2}}{2} \tag{8.16}$$

ここで $|\epsilon_1 - \epsilon_2| \gg |\beta|$，$\epsilon_1 < \epsilon_2$ であるとすると，

$$\epsilon_+ \sim \epsilon_1 - \frac{\beta^2}{\epsilon_2 - \epsilon_1}, \quad \epsilon_- \sim \epsilon_2 + \frac{\beta^2}{\epsilon_2 - \epsilon_1} \tag{8.17}$$

となることが分かる．今考えている条件を鑑みれば，いずれの軌道もほぼ元の軌道エネルギーと同じエネルギーを持っていて，軌道相互作用は小さいと言える．より詳細に見れば，もともと相対的に低かった ϵ_1 に対応する ϵ_+ が少し安定化し，相対的に高かった ϵ_2 に対応する ϵ_- が少し不安定化するという結果になっている．また，S を考慮すると，この安定化，不安定化の度合いはケース 1 の場合と同様，不安定化の方が少し大きくなる．以上の結果は，次のようにまとめることができる．

有効な軌道相互作用が起こる条件

- 相互作用前の軌道エネルギーが近接していること
- 共鳴積分 β が値を持つこと
  （β は対応する重なり積分 S に比例する）

8.2.2　分子間の相互作用に重要な軌道相互作用

前項で見たのは分子軌道の相互作用であって，分子の相互作用を考えたことにはなっていない．分子の相互作用を議論するためには，分子軌道に適切に電子を“詰めて”全エネルギーに基づいて議論する必要がある．

分子間の相互作用を考える際には一般に多数の軌道間の相互作用を考慮する必要がある．正しくは多数の相互作用を同時に考慮すべきであるが，定性的な議論においては軌道対の相互作用の和として評価しても十分である．すべての軌道対の相互作用それぞれによる複合系の安定化のうち，最も重要な寄与を与える軌道対はいかなるものであるかを明らか

にするのが本項の目的だ.

図 8.2 を見ながら考えてみよう. A, B の上に描かれているのは分子 A, B の電子配置である. 分子 A の電子供与能が大きく, 分子 B の電子受容能が大きい場合の図になっている. 図 8.2(a) では被占軌道どうしの相互作用のうちの 1 つを考えている. 分子 A, B の軌道のうち, 点線が出ている 2 つの軌道が考慮している軌道対である. 相互作用前の軌道エネルギーはほぼ同程度であるから, 軌道は強く相互作用し片方は大きな安定化, 他方は大きな不安定化を受ける. もともと被占軌道どうしの相互作用を考えているので, 新しくできた 2 つの軌道に 4 つ電子を詰めて得られるエネルギーが, 分子間相互作用に対するこの軌道対からの

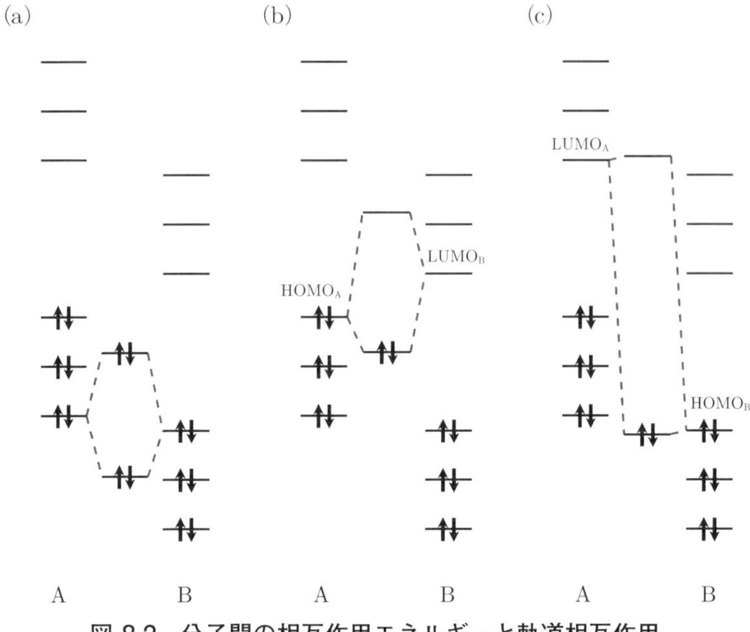

図 8.2　分子間の相互作用エネルギーと軌道相互作用

寄与ということになる．先に注意した通り，軌道相互作用は不安定化の方が大きいので，この場合，分子間相互作用としては反発的になる．つまり，被占軌道を占める電子対どうしは反発する[2)]．

このように考えると，空軌道どうしも軌道相互作用はするが，電子の占有数は 0 であるから分子間相互作用には寄与しない．残るは被占軌道と空軌道による相互作用であるが，この場合には軌道相互作用によって安定化した軌道には 2 つの電子が入るのに対し，不安定化した軌道には電子が入らないから，分子間相互作用に引力的な寄与を与えることが分かるであろう．

図 8.2(b) では分子 A の被占軌道と分子 B の空軌道の相互作用のうち，相互作用前の軌道エネルギー差が最も小さく，最も大きな安定化を与える軌道対を表しているが，この軌道対を構成するのが電子供与能の大きい分子 A の HOMO と電子受容能の大きい分子 B の LUMO であることに注意しよう．図 8.2(c) は，分子 B の被占軌道と分子 A の空軌道の相互作用を考えているが，図に示された最も大きな安定化を与える軌道対を考えても相互作用前の軌道エネルギー差は著しく大きく，安定化にはほとんど寄与していない．

以上見てきたように，分子の HOMO や LUMO などのフロンティア軌道は分子間相互作用を決める重要な軌道であることが分かった．上記の議論では軌道エネルギーの観点を重視したが，軌道相互作用においては軌道間の重なりも重要であるから，フロンティア軌道の空間分布が反応の起こりやすい場所，反応の起こりやすい分子の配向などを支配することが予想される．この予想は正しく，この効果によって分子はある特定の場所で，ある特定の配向で反応する傾向を持ち，それらを予想・制御しながら反応させることで我々は複雑な分子を作り分けることができる．

---

2)　一般に化学反応の際にはエネルギーの高い遷移状態を通過すると以前述べたが，エネルギー上昇の主な原因はこの電子対間反発である．

8.3 分子軌道から見たHSAB則

8.3.1 分子間相互作用に重要な軌道相互作用とHSAB則

被占軌道と空軌道の相互作用によってできた分子軌道に，もともとの被占軌道にあった電子対が入ることで分子間に引力が生じることを前節で見た．このことは，ルイス塩基およびルイス酸がそれぞれ電子対の供与体および受容体であったことを思い出すと，ルイス塩基がルイス酸と相互作用して付加物を作ることと対応する．このように考えると，元来経験則に過ぎなかったHSAB則に対して，軌道相互作用の観点からその理論的基礎を与えられる可能性が出てくる．

図8.2(b), (c)を比べて見ると，LUMOの軌道エネルギーが低い(EAが大きい)分子Bが電子対受容体，すなわちルイス酸となり，HOMOの軌道エネルギーが高い(IEが小さい)分子Aが電子対供与体，すなわちルイス塩基になっていることが分かるであろう．

このとき，$\epsilon_{\mathrm{HOMO(A)}}$が高く，$\epsilon_{\mathrm{LUMO(B)}}$が低ければ安定化は大きくなるが，これは経験則であるピアソンのHSAB則に照らして見ると，軟らかい酸・軟らかい塩基の場合に相当することが判明する．したがって，「軟らかい酸が軟らかい塩基と付加物を作る」というルールは，強い軌道相互作用によって共有結合性の付加物が生成する条件にほかならない．また，上記のような対応関係があるとすれば，酸塩基の硬軟は分子のフロンティア軌道の軌道エネルギーを用いて次のように定義することができる．

ルイス酸・塩基の硬軟

- 酸の硬軟　：$\epsilon_{\mathrm{LUMO(acid)}}$が低いほど軟らかく，高いほど硬い
- 塩基の硬軟：$\epsilon_{\mathrm{HOMO(base)}}$が高いほど軟らかく，低いほど硬い

ところで，HSAB 則では硬い酸・硬い塩基も付加物を作るとされていたが，これは軌道相互作用による安定化によるものではなく，もともと酸・塩基が持っていた電荷による静電相互作用による安定化が原因である．硬い酸と軟らかい塩基，軟らかい酸と硬い塩基の組み合わせの場合には，軌道相互作用によって電荷が広がってしまい，静電相互作用は弱くなり，かといって軌道相互作用で得られる安定化もさほど大きくならない．このため，硬い酸－硬い塩基，軟らかい酸－軟らかい塩基間の相互作用が強いということになる．なお，ここでいう HOMO や LUMO のエネルギーは，反応に応じて補正されたものである．水溶液中での酸塩基反応を考えるのであれば，イオンは水和されたものとして考える必要がある．そのような補正を行った $\epsilon_{\mathrm{LUMO(acid)}}$，$\epsilon_{\mathrm{HOMO(base)}}$ の一覧を表 8.1 に示した[3]．表中で上にあるほど硬い酸・硬い塩基である．この表を使うと，HF，HCl，HBr，HI の $\mathrm{p}K_{\mathrm{a}}$ の順序を予測することもできる．H^+ は硬い酸であるから，HSAB 則の考えに従えば，F^-，Cl^-，Br^-，I^- の順に強い付加物を作るはずである．$\mathrm{p}K_{\mathrm{a}}$ は解離しにくいものほど大きいから，HF，HCl，HBr，HI は $\mathrm{p}K_{\mathrm{a}}$ の大きい順になって

表 8.1　無機化合物の酸塩基の硬軟指標

酸	$\epsilon_{\mathrm{LUMO(acid)}}$ (eV)	塩基	$\epsilon_{\mathrm{HOMO(base)}}$ (eV)
Al^{3+}	+6.01	F^-	−12.18
Ti^{4+}	+4.35	H_2O	(−10.73)
Mg^{2+}	+2.42	OH^-	−10.45
H^+	+0.42	Cl^-	−9.94
Na^+	∼ 0	Br^-	−9.22
Cu^+	−2.30	CN^-	−8.78
Ag^+	−2.82	SH^-	−8.59
Au^+	−4.35	I^-	−8.31
Hg^{2+}	−4.64	H^-	−7.37

3)　G. Klopman, *J. Am. Chem. Soc.* **90**, 223, 1968.

いると予測できるが，実際の値はそれぞれ 3.17，−8，−9，−10 であり，正しいことが分かる．

8.3.2 絶対硬度

軌道相互作用の観点から言えば，分子のペアに対して酸塩基の関係および硬軟が決まるが，次のように定義する絶対硬度 χ を用いて分子ごとの硬さを議論することもある．

分子の絶対硬度

分子の絶対硬度は以下の χ によって評価ができる．

$$\chi = \mathrm{IE} - \mathrm{EA} \sim \epsilon_{\mathrm{LUMO}} - \epsilon_{\mathrm{HOMO}} \tag{8.18}$$

IE，EA は真空中の値であり，負イオンの場合には対応する中性種の値で代用する．

χ は分子の電子励起に必要なエネルギーと対応するから，「硬い＝電子を動かすのに大きなエネルギーが必要」と捉えておけばよいであろう．

9 地球の初期大気と有機化合物の誕生

《目標＆ポイント》 地球の初期大気の組成は，生命の起源にいたる化学進化のストーリーを大きく左右する．原始地球の材料を高温にして生じる気体が初期大気であると考えることで，ケイ酸塩鉱物と酸素が関与する化学平衡の観点からその組成の議論が可能となることを学ぶ．
《キーワード》 ミラーの実験，地球大気の起源，1 次大気，2 次大気，ギブズエネルギーの温度依存性，エリンガム図

9.1 生命は還元的環境で生まれた

9.1.1 酸化的か還元的か——それが問題

我々を含む生命を構成する物質は，有機化合物と呼ばれる物質群である．有機化合物とは炭素骨格を持ち，主に C/H/O/N からなる化合物のことである．有機化合物は一般に酸化に対して不安定であり，自発的に（大雑把に言えば）CO_2 と H_2O と N_2 になる．例えば，メタン CH_4 は酸素との反応によって

$$CH_4(g) + 2\,O_2(g) \longrightarrow CO_2(g) + 2\,H_2O(g) \tag{9.1}$$

となるし，アミノ酸の 1 つのグリシン $C_2H_5NO_2$ は

$$4\,C_2H_5NO_2(s) + 9\,O_2(g) \longrightarrow 8\,CO_2(g) + 10\,H_2O(g) + 2\,N_2(g) \tag{9.2}$$

となる．反応に伴う標準ギブズエネルギー変化[1]はそれぞれ -801, $-3965\,\mathrm{kJ/mol}$ と負の値をとることから，これらの反応は標準状態で自発的に進行する．つまり，生命活動を支える有機化合物は一般に酸化に弱い[2]．このように考えたとき，前生命的な分子システムが生まれたころの地球大気が酸化的であったのか還元的であったのかは，生命の起源に至る化学進化のストーリーを大きく左右する．

9.1.2 ミラーの実験

太陽系星雲ガスの主成分は H_2 である．これが素朴に原始地球の大気であると考えれば，大気は還元的ということになる．S. L. Miller (1930–2007) は，そのような還元的な大気を想定して H_2O, CH_4, NH_3, H_2 を図 9.1 の装置に封入して加熱，放電，冷却を繰り返したところ，1 週間後にはグリシン，α,β–アラニンが生成するのを確認したと報告した[3]．還元的な大気の下で生命分子の元となるアミノ酸が自然に合成されるというミラーの実験結果は，生命の起源に関係して大いに注目された．

9.2 大気組成は何で決まるか

還元的な大気の下では，有機化合物が安定に存在できるだけでなく，ミラーの実験によれば 1 週間もあれば自然にアミノ酸ができてくる．しかし一方で，現在の大気はどう考えても還元的ではない．はたして本当

---

1) $CH_4(g)$, $O_2(g)$, $CO_2(g)$, $H_2O(g)$, $C_2H_5NO_2(g)$, $N_2(g)$ の標準生成ギブズエネルギー $\Delta_f G^\ominus$ がそれぞれ -50.8, 0.0, -394.4, -228.6, -369.0, $0.0\,\mathrm{kJ/mol}$ であることから計算できる．なお，これらの数値は標準圧力を 1 bar とした 298.15 K における値である．

2) 現在の地球上では，植物が太陽光のエネルギーを利用して CO_2 と H_2O から様々な有機化合物を作る光合成によって，このような傾向に抗っている．

3) S. L. Miller, *Science* **147**, 528, 1953. なお，Miller の没後発見された 1953–1954 年当時の実験サンプルの再分析 (A. P. Johnson et al., *Science* **322**, 404, 2008) では 22 種のアミノ酸と 5 つのアミンが同定されている．

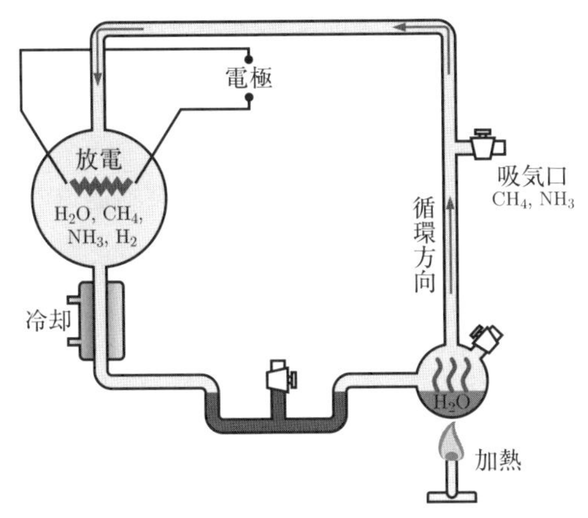

図 9.1　ミラーの実験

に生命が生まれたころの地球大気は還元的だったと言えるだろうか．そもそも，地球大気の組成はどのようにしたら議論できるのだろうか．以下でその基本的な考え方を紹介しよう．

9.2.1　地球大気の起源

カンラン石 $(Mg, Fe)_2SiO_4$ や輝石 $(Mg, Fe)SiO_3$ などのケイ酸塩鉱物と鉄を主成分とする**地球型惑星**は，微惑星の衝突・融合によって形成されたと考えられている．このとき，原始惑星の質量が月程度になると，太陽系星雲ガス (H_2, He) を大気として獲得できるようになる．このような大気を **1 次大気**と呼ぶ．

大気の起源としてはもう 1 つ別の候補がある．微惑星の融合によって解放された重力のポテンシャルエネルギーは熱に変換されるため，惑星表面はドロドロに溶けたマグマオーシャンと呼ばれる状態になる．このとき，固体に閉じ込められていた揮発成分が解放されて大気となる．このようにして生じた大気は **2 次大気**と呼ばれる．1 次大気の構成成分は軽く，高温条件で容易に宇宙空間へ散逸すると考えられること，また，それらの組成が現在の地球大気とはかけ離れていることから，現在の地球大気の直接の起源は 2 次大気であると考えられている．

このように考えると，初期大気の組成は“原始地球の材料を高温にして生じる気体の組成”だと思えばよいことになる．原始地球の材料として有力視されているのは**炭素質コンドライト**と呼ばれる隕石である．この隕石は不揮発成分として主にケイ酸塩鉱物を，揮発成分として主に H_2O や CO_2 を含むことが知られている．

9.2.2 2 次大気組成に対する基本的な考え方

初期大気を原始地球の材料を高温にして生じる気体と捉える基本的な考え方は，H. D. Holland (1927 – 2012) によって示された．Holland は簡単のためにケイ酸塩鉱物として Fe_2SiO_4 のみを考え，地球形成初期には

$$2\,\mathrm{FeSiO_3} + 2\,\mathrm{Fe} + \mathrm{O_2(g)} \rightleftharpoons 2\,\mathrm{Fe_2SiO_4} \tag{9.3}$$

の反応がマグマオーシャンにおいて平衡にあると考えた．このとき，

$$2\,\mathrm{H_2(g)} + \mathrm{O_2(g)} \rightleftharpoons 2\,\mathrm{H_2O\,(g)} \tag{9.4}$$

$$2\,\mathrm{CO\,(g)} + \mathrm{O_2(g)} \rightleftharpoons 2\,\mathrm{CO_2(g)} \tag{9.5}$$

の化学平衡がどちらに傾いているかを調べれば，このころの大気が酸化的であるか還元的であるかが分かるはずだということである．式 (9.3)，式 (9.4)，式 (9.5) の反応の平衡定数はそれぞれ，

$$K_{9.3} = \frac{a^2_{\mathrm{Fe_2SiO_4}}}{a^2_{\mathrm{Fe}}a^2_{\mathrm{FeSiO_3}}p_{\mathrm{O_2}}} \sim \frac{1}{p_{\mathrm{O_2}}}, \quad K_{9.4} = \frac{p^2_{\mathrm{H_2O}}}{p^2_{\mathrm{H_2}}p_{\mathrm{O_2}}}, \quad K_{9.5} = \frac{p^2_{\mathrm{CO_2}}}{p^2_{\mathrm{CO}}p_{\mathrm{O_2}}}$$

となるから，

$$p_{O_2} = \frac{1}{K_{9.3}}, \quad \frac{p_{H_2}}{p_{H_2O}} = \frac{1}{(K_{9.4} \cdot p_{O_2})^{\frac{1}{2}}}, \quad \frac{p_{CO}}{p_{CO_2}} = \frac{1}{(K_{9.5} \cdot p_{O_2})^{\frac{1}{2}}} \tag{9.6}$$

の関係があることが分かる．すなわち，平衡定数 $K_{9.3}$ の値が分かれば O_2 の分圧 p_{O_2} が分かり，$K_{9.4}, K_{9.5}$ の値を組み合わせることで，H_2 と H_2O および CO と CO_2 の分圧比が分かることになる．

マグマオーシャンの温度および圧力として 1500 K および 1 bar を仮定すると，熱力学データより $K_{9.3} = 10^{12.3}$，$K_{9.4} = 10^{11.5}$，$K_{9.5} = 10^{10.6}$ であるので O_2 分圧は $10^{-12.3}$ bar となり，H_2 と H_2O および CO と CO_2 の分圧比は

$$\frac{p_{H_2}}{p_{H_2O}} = 2.5, \quad \frac{p_{CO}}{p_{CO_2}} = 7.1$$

と見積もられる．この段階での大気は，比較的還元的であったということができる．

ところで，式 (9.3) の反応においては遊離鉄を生じる．鉄はその大きな比重によって地球内部へ沈降してコアを形成する．Holland はコア形成後の地表付近のマグマでは，

$$6\,Fe_2SiO_4 + O_2(g) \rightleftharpoons 6\,FeSiO_3 + 2\,Fe_3O_4 \tag{9.7}$$

の反応が平衡にあると考えた．この反応の平衡定数 $K_{9.7}$ は 1500 K，1 bar において $K_{9.7} = 10^{8.6}$ であるので $p_{O_2} = 10^{-8.6}$ bar となり，

$$\frac{p_{H_2}}{p_{H_2O}} = 0.04, \quad \frac{p_{CO}}{p_{CO_2}} = 0.1$$

となることが分かる．コアの形成後の大気は酸化的になることが分か

る．つまり，Miller が想定したような大気の環境は必ずしも長続きしなかったのではないかというのが Holland の意見である．

だからと言って酸化的な環境では有機化合物は不安定であるし，そのバラエティを増やすことができない．このままでは地球に生命が生まれないことになってしまう．次節では温度変化を考慮した議論をしてみよう．

9.3 化学平衡の温度依存性

9.3.1 エリンガム図とその使い方

様々な温度で化学平衡を議論する際に便利なものとして，**エリンガム図**[4]がある．エリンガム図は化学種 M の酸化反応

$$\mathrm{M} + \mathrm{O_2(g)} \longrightarrow \mathrm{MO_2} \tag{9.8}$$

の標準反応ギブズエネルギーの温度依存性を示している．一般的な話から始めると折角の便利さが伝わらないと思うので，ここではまず使い方から見ていこう．

図 9.2 は，前節で議論した初期のマグマオーシャンの化学平衡に関するエリンガム図である．図中の線は，それぞれの反応に対する標準反応ギブズエネルギー $\Delta_\mathrm{r}G^\ominus$ の温度依存性を示している．いずれも傾きが正の直線に見える．これは $\Delta_\mathrm{r}G^\ominus = \Delta_\mathrm{r}H^\ominus - T\Delta_\mathrm{r}S^\ominus$ であったことを思い出すと，$\Delta_\mathrm{r}H^\ominus$，$\Delta_\mathrm{r}S^\ominus$ の温度依存性が弱く，$\Delta_\mathrm{r}S^\ominus$ が負であることを意味している．図中の反応はいずれも反応の進行に伴って気体の数が減っており，$\Delta_\mathrm{r}S^\ominus < 0$ と矛盾しない．

エリンガム図では，ある温度で図中のある 2 つの反応の組を考えたとき，相対的に下にある酸化反応が順方向で進行し，相対的に上にある反応は逆方向に進行する．標語的に言えば「下は酸化，上は還元」である．

4)　冶金学者の H. J. T. Ellingham (1897 – 1975) による．

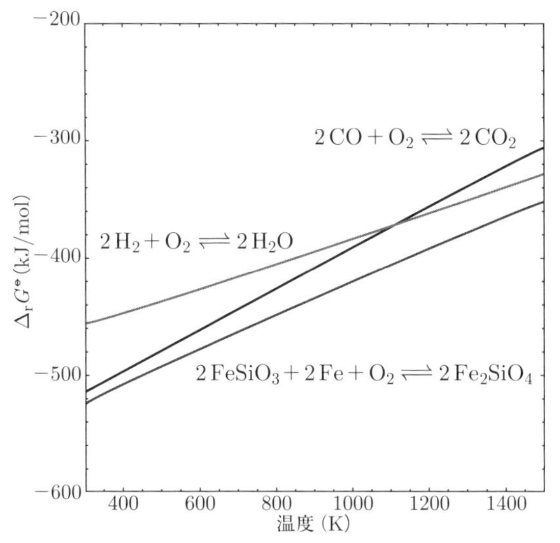

図 9.2　初期 2 次大気に対するエリンガム図

つまり，この図を見るだけで $FeSiO_3 + Fe$ はいずれの温度においても CO_2 や H_2O から O_2 を奪って Fe_2SiO_4 となること，すなわち大気は還元的になることが分かる．また，1500 K で

$$\frac{p_{H_2}}{p_{H_2O}} < \frac{p_{CO}}{p_{CO_2}}$$

であったことも，$2\,CO + O_2$ が $2\,H_2 + O_2$ よりも $2\,FeSiO_3 + 2\,Fe$ から大きく離れていることと関係している．

9.3.2　鉄コア形成後の大気再考

鉄のコアが形成した後の議論に対するエリンガム図も見てみよう (図 9.3)．1500 K で Fe_2SiO_4 は H_2 や CO よりも上に来ているから，Fe_2SiO_4 は H_2 や CO による還元を受けて H_2 や O_2 は酸化を受ける．

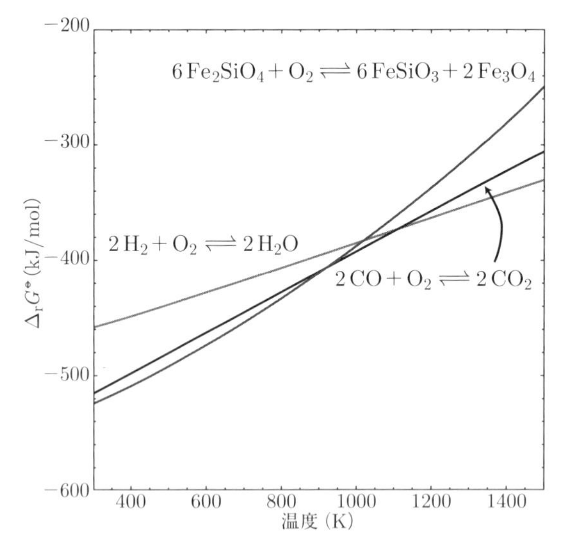

図 9.3 鉄コア形成後の 2 次大気に対するエリンガム図

したがって大気成分である H_2 や O_2 は酸化的になる．ここまでは当然ながら Holland の議論と同じである．

しかし，図 9.3 をよく見ると，約 900 K 以下の低温領域で

$$6\,Fe_2SiO_4 + O_2(g) \rightleftharpoons 6\,FeSiO_3 + 2\,Fe_3O_4$$

の反応に対応する曲線が H_2，CO のものよりも下に来ていることが見てとれるであろう．この状況は鉄コア形成前の図 9.2 と同じである．つまり，鉄コア形成後であっても地表付近の温度が冷えてくれば Fe_2SiO_4 の酸化が優先し，大気成分は還元的になる可能性があることをエリンガム図は示唆している．このような考え方は，有機化合物のゆりかごとなるべき還元的環境実現の可能性の 1 つとして実際に提案がなされているが，他にも熱水噴出孔や宇宙空間など様々な提案があり，有機化合物がいつどこで育まれたかについて，いまだ統一的な見解はないようである．

■付録：エリンガム図の理論的背景

エリンガム図はまず使えるようになることが第一だが，使えるようになった段階でなぜそのような使い方ができるかについても気にしてみたい．

今，2 つの反応と対応する平衡定数

$$A + O_2 \longrightarrow AO_2; \quad K_A = \frac{a_{AO_2}}{a_A \cdot p_{O_2}} \tag{9.9}$$

$$B + O_2 \longrightarrow BO_2; \quad K_B = \frac{a_{BO_2}}{a_B \cdot p_{O_2}} \tag{9.10}$$

を考える．これらの反応の組み合わせで作られる反応

$$AO_2 + B \longrightarrow A + BO_2 \tag{9.11}$$

の平衡定数 K を考えてみると，

$$K = \frac{a_A \cdot a_{BO_2}}{a_{AO_2} \cdot a_B} = \frac{K_B}{K_A} \tag{9.12}$$

が成立する．平衡定数と標準反応ギブズエネルギーの関係式から，

$$K = \frac{K_B}{K_A} = \frac{\exp(-\Delta G_B^\ominus/RT)}{\exp(-\Delta G_A^\ominus/RT)} = \exp\left[-\frac{(\Delta G_B^\ominus - \Delta G_A^\ominus)}{RT}\right] \tag{9.13}$$

となることが分かる．したがって，$\Delta G_B^\ominus < \Delta G_A^\ominus$ である場合に式 (9.11) の反応は順方向に進行する．エリンガム図で言えば，2 つの反応の組を考えたときに，より反応ギブズエネルギーが低い下の方にある種の酸化反応が進行することに確かに対応している．

また，式 (9.8) において M と MO_2 が純物質であれば常に

$$K = \frac{a_{MO_2}}{a_M \cdot p_{O_2}} = \frac{1}{p_{O_2}} = \exp\left(-\frac{\Delta G^\ominus}{RT}\right) \tag{9.14}$$

となるから,

$$\Delta G^{\ominus} = -RT\ln\left(\frac{1}{p_{O_2}}\right) = RT\ln p_{O_2} \tag{9.15}$$

が成立する.

この式を使って図 9.4 のようにエリンガム図に O_2 分圧の目盛りを付けると, O_2 分圧を図から直接読み取ることができるようになる. 1500 K で確かに O_2 分圧が $10^{-12.3}$ あたりに来ていることが確認できるだろう[5).

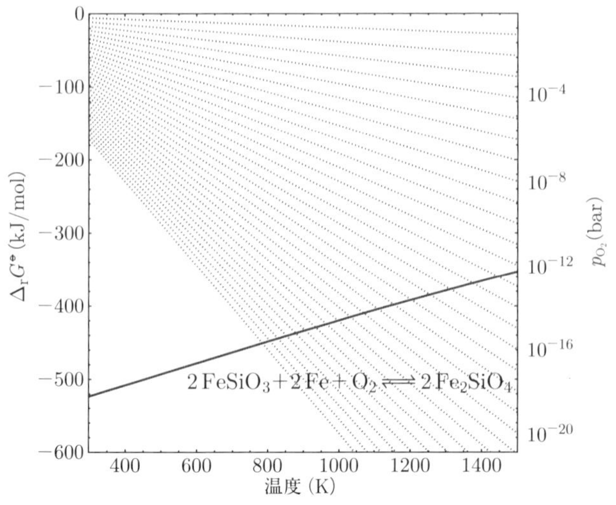

図 9.4　目盛り入りエリンガム図

5)　式 (9.6) を用いると, H_2-H_2O 比, $CO-CO_2$ 比についての目盛りを付与することもできる.

10 地球環境の化学

《目標&ポイント》 表層地球環境に様々な形で関与する炭酸の解離平衡の基礎を学ぶ．その上で炭酸による岩石の風化の仕組み，海水の pH への影響を議論する．海水の酸性化とその影響についても学ぶ．
《キーワード》 炭酸の解離平衡，雨水の pH，風化，溶解度積，岩石鉱物，粘土鉱物，土壌 pH，海水の pH と酸性化

10.1 炭酸の解離平衡

本章では，土壌，陸水，海水，大気を含めた地球環境を分子の変化の視点から概観する．地球環境の理解にはもちろん様々な物質の循環を考慮する必要があるが，ここでは**炭酸** H_2CO_3 が関与する平衡にのみ注目して話を進めることにする．炭酸は二酸化炭素が水に溶けることで生じる酸であり，地表付近に普遍的に存在し，土壌，陸水，海水，大気の間で循環しながらそれぞれの化学環境を制御する役割を果たしている．

10.1.1 炭酸とその存在形態

炭酸 H_2CO_3 は 2 価の酸であり，水溶液中で

$$H_2CO_3 \overset{K_{a1}}{\rightleftharpoons} H^+ + {HCO_3}^- \tag{10.1}$$

$$ {HCO_3}^- \overset{K_{a2}}{\rightleftharpoons} H^+ + {CO_3}^{2-} \tag{10.2}$$

のように 2 段階の解離を示す．式 (10.1)，式 (10.2) の酸解離定数は

$$K_{a1} = \frac{[H^+][HCO_3{}^-]}{[H_2CO_3]} = 10^{-6.35} \tag{10.3}$$

$$K_{a2} = \frac{[H^+][CO_3{}^{2-}]}{[HCO_3{}^-]} = 10^{-10.33} \tag{10.4}$$

であることが知られている．K_{a1}，K_{a2} の式から $HCO_3{}^-$，$CO_3{}^{2-}$ の平衡濃度は

$$[HCO_3{}^-] = \frac{K_{a1}}{[H^+]}[H_2CO_3] \tag{10.5}$$

$$[CO_3{}^{2-}] = \frac{K_{a2}}{[H^+]}[HCO_3{}^-] = \frac{K_{a1}K_{a2}}{[H^+]^2}[H_2CO_3] \tag{10.6}$$

となるから，溶存全炭酸の総濃度 c_{total} は

$$c_{\mathrm{total}} = [H_2CO_3]\left(1 + \frac{K_{a1}}{[H^+]} + \frac{K_{a1}K_{a2}}{[H^+]^2}\right) \tag{10.7}$$

となり，それぞれの化学種の濃度は

$$[H_2CO_3] = \left(\frac{10^{-2\mathrm{pH}}}{10^{-2\mathrm{pH}} + 10^{-\mathrm{pH}}K_{a1} + K_{a1}K_{a2}}\right)c_{\mathrm{total}} \tag{10.8}$$

$$[HCO_3{}^-] = \left(\frac{10^{-\mathrm{pH}}K_{a1}}{10^{-2\mathrm{pH}} + 10^{-\mathrm{pH}}K_{a1} + K_{a1}K_{a2}}\right)c_{\mathrm{total}} \tag{10.9}$$

$$[CO_3{}^{2-}] = \left(\frac{K_{a1}K_{a2}}{10^{-2\mathrm{pH}} + 10^{-\mathrm{pH}}K_{a1} + K_{a1}K_{a2}}\right)c_{\mathrm{total}} \tag{10.10}$$

で与えられる．相対存在比を pH に対して図示すると，図 10.1 のようになる．N. J. Bjerrum (1879－1958) が用いたこのような図をビエラム図と呼ぶ．$\mathrm{pH} = \mathrm{p}K_{a1}$ のときに $[H_2CO_2]$ と $[HCO_3{}^-]$ は等しく，$\mathrm{pH} = \mathrm{p}K_{a2}$ のときに $[HCO_3{}^-]$ と $[CO_3{}^{2-}]$ が等しくなることが見てとれるだろう．

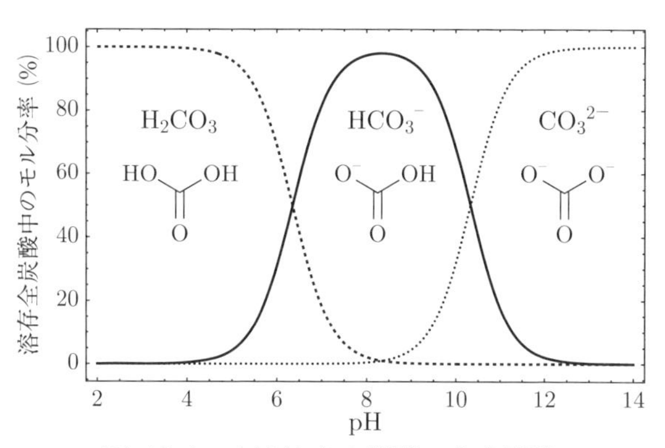

図 10.1　水溶液中の炭酸の存在形態

10.1.2　雨水の pH

雨水は CO_2 を含む大気と平衡にあると考えられる．気体の CO_2 が H_2O に溶けて H_2CO_3 を生じる反応[1)]

$$CO_2 + H_2O \overset{K_0}{\rightleftharpoons} H_2CO_3 \tag{10.11}$$

の平衡定数 K_0 は，

$$K_0 = \frac{a_{H_2CO_3}}{a_{CO_2} \cdot a_{H_2O}} \sim \frac{[H_2CO_3]}{p_{CO_2} \cdot 1} = 10^{-1.47} \tag{10.12}$$

である．大気中の CO_2 分圧 p_{CO_2} が $10^{-3.45}$ (355 ppm) だとすると，

$$[H_2CO_3] = 10^{-3.45} \cdot 10^{-1.47} = 10^{-4.92} \tag{10.13}$$

となり，式 (10.3) より

$$[H^+][HCO_3{}^-] = 10^{-6.35} \cdot 10^{-4.92} = 10^{-11.27}$$

---

1)　なお，より正確には水に溶解した $CO_2(aq)$ と水和された $H_2CO_3(aq)$ の間に

$$CO_2(aq) + H_2O(\ell) \rightleftharpoons H_2CO_3(aq)$$

のような平衡があるが，通常の測定において $CO_2(aq)$ と $H_2CO_3(aq)$ は区別がつかないため，両者を合わせて H_2CO_3 と書いている．

が得られる．ここで $[H^+] = [HCO_3{}^-]$ であるから

$$[H^+] = 10^{-11.27/2} = 10^{-5.64}$$

となり，雨水の pH は 5.64，すなわち弱酸性ということになる．いわゆる酸性雨というのは，pH がこの程度よりも低い雨水を指す．

10.2 陸地の化学環境

地中深くの高温高圧条件で平衡状態にあった鉱物が地表に出てくると，生成時とは異なる温度圧力条件において**風化** (weathering) を受ける．風化には大きく分けて物理風化と化学風化があるが，日本のような湿潤な気候においては水を反応場として起こる化学風化が顕著である．そして，前節で議論した炭酸の解離平衡は，CO_2 が大気の成分として地球上にあまねく存在するため，化学風化において大きな役割を果たす．

10.2.1 炭酸カルシウムの炭酸による溶解

鉱物に対する炭酸の作用の例として，炭酸カルシウム $CaCO_3(s)$ と炭酸の反応を考えよう．炭酸カルシウムは難溶性の塩であり，水への溶解反応

$$CaCO_3(s) \xrightleftharpoons{K_{sp}} Ca^{2+} + CO_3{}^{2-} \tag{10.14}$$

に対する平衡定数は

$$K_{sp} = \frac{a_{Ca^{2+}} \cdot a_{CO_3{}^{2-}}}{a_{CaCO_3(s)}} = [Ca^{2+}][CO_3{}^{2-}] = 10^{-8.35} \tag{10.15}$$

で与えられる．しばしば K_{sp} は**溶解度積**と呼ばれる．炭酸カルシウムの溶解は Ca^{2+} の濃度で測ることができるから，$[Ca^{2+}]$ を計算すればよい．式 (10.15)，式 (10.6)，式 (10.12) を使うと

$$[Ca^{2+}] = \frac{K_{sp}}{[CO_3{}^{2-}]} = \frac{K_{sp}}{K_{a1}K_{a2}}\frac{[H^+]^2}{[H_2CO_3]} = \frac{K_{sp}}{K_0 K_{a1} K_{a2}}\frac{[H^+]^2}{p_{CO_2}} \tag{10.16}$$

であることが分かる．CO_2 分圧 p_{CO_2} は大気中の分圧に等しいとして，K_{sp}，K_0，K_{a1}，K_{a2} に与えられた値を代入すると，

$$[Ca^{2+}] = 10^{13.25-2pH} \tag{10.17}$$

という関係が得られる．pH の小さい条件において $[Ca^{2+}]$ が大きくなるから，酸性条件において炭酸カルシウムは Ca^{2+} として溶出することが分かる．この反応はしばしば，

$$CaCO_3(s) + H_2CO_3 \longrightarrow Ca^{2+} + 2\,HCO_3{}^- \tag{10.18}$$

と書かれるが，実際には上記のような平衡が前提となっている[2]ことに注意したい．

10.2.2　岩石鉱物から粘土鉱物への風化

地殻には多くのケイ酸塩鉱物が含まれており，それらも炭酸によって風化を受ける．いくつか例を挙げよう．

苦土カンラン石 Mg_2SiO_4 は

$$Mg_2SiO_4 + 4\,H_2CO_3 \longrightarrow 2\,Mg^{2+} + 4\,HCO_3{}^- + H_4SiO_4 \tag{10.19}$$

の反応を受ける．ここでケイ酸 H_4SiO_4 も水溶性であるから，すべて水に溶けたことになる．

一方で，多くの場合には一部が溶けた後で何かが残る．地殻表層岩石

---

2)　反応式に図 10.1 における低 pH 条件での溶存種の H_2CO_3 が現れていることが，そのような条件下での反応式であることを示している．

に含まれる鉱物を単純化したものとして，灰長石（かいちょうせき）$CaAl_2Si_2O_8$ を考えると，炭酸との反応は

$$CaAl_2Si_2O_8 + 2\,H_2CO_3 + H_2O \longrightarrow Ca^{2+} + 2\,HCO_3{}^- + Al_2Si_2O_5(OH)_4 \tag{10.20}$$

と書ける．曹長石（そうちょうせき）$NaAlSi_3O_8$ の場合も同様に

$$2\,NaAlSi_3O_8 + 2\,H_2CO_3 + 9\,H_2O \longrightarrow 2\,Na^+ + 2\,HCO_3{}^- + Al_2Si_2O_5(OH)_4 + 4\,H_4SiO_4 \tag{10.21}$$

の反応が起こる．両反応の生成物のうち，$Al_2Si_2O_5(OH)_4$ はカオリナイトと呼ばれる粘土鉱物で不溶である．ケイ酸塩鉱物からなる岩石は，炭酸による風化によって成分の一部が溶出し，残りは粘土となる．

以上見てきた岩石の風化においては，式 (10.19)，式 (10.20)，式 (10.21) にも見られるように H_2CO_3 から $HCO_3{}^-$ への変換が起こるから，そのような環境にある陸水の液性は中性に近く，溶存種は $HCO_3{}^-$ が主体となる．

10.2.3 土壌の形成と pH

粘土化した岩石は，有機物と混じって土壌を形成する．粘土鉱物はそれ以上炭酸による風化を受けないから，雨水の pH を高める作用はない．また，一方の有機物は本来還元的であるが，土壌バクテリアの作用で CO_2 と H_2O すなわち炭酸へと変換されるため，時間の経過とともに土壌の酸性化が進行する．ただし，乾燥した地域では，風化作用はそれほど激しくなく，土壌 pH は中性またはアルカリ性であることが多い．

図 10.2 は世界の土壌の分布を示したもので，薄いグレーは低 pH，濃いグレーは高 pH，それらに挟まれた白い領域は中性であることを意味

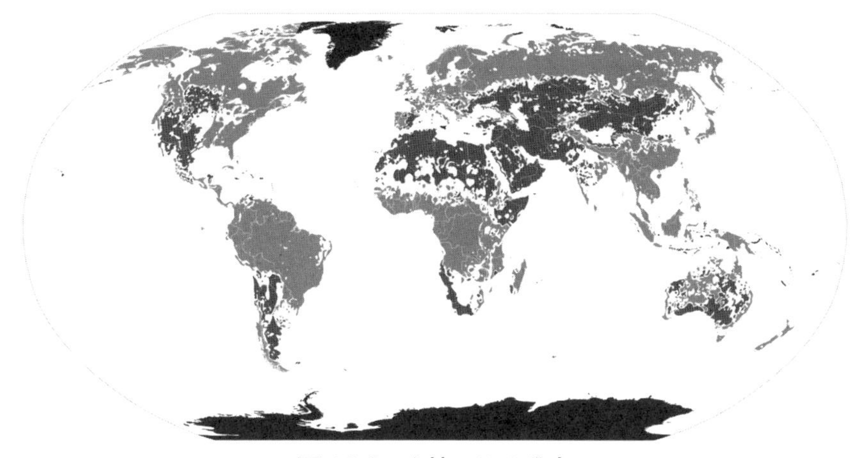

図 10.2　土壌 pH の分布

している．これを見ると，確かに乾燥地域の土壌 pH は高く，湿潤地域は低くなっていることが見てとれるであろう．

日本は典型的な酸性土壌である．pH が 4 程度のところも珍しくないとされる．酸性土壌では様々な成分が水中に溶出してしまうため，農作物の栽培には不向きである．このため，$CaCO_3$ や CaO を土壌に混ぜて pH を高く保つことが広く行われている．

また，意外なところでは，日本列島で古い時代の人骨の発見例が少ないことも土壌 pH と深い関係がある．骨の主成分はリン酸塩の一種であるヒドロキシアパタイト $Ca_5(PO_4)_3(OH)$ であるが，これも 10.2.1 項で見た炭酸塩と同じく，酸性条件で溶出してしまうからである．貝殻には $CaCO_3$ が多く含まれるため，定住が進み貝塚を作った時代のものであれば，貝塚のそばで当時の人骨が見つかることもあるが，時代を遡ることは難しい．唯一の例外と言ってもよいのが，やはり $CaCO_3$ を主成分として含む琉球石灰岩が分布する沖縄で，約 2 万年以上前の旧石器時代の人骨が複数の遺跡で発見されている．

10.3 海の化学環境

前節では，大気中の CO_2 が雨水に混じって生じた炭酸が陸の化学環境を支配していることを見た．CO_2 は気体であるから地球規模で循環が可能であり，海水にも混じり込む．そして，海の化学環境を決めるのもやはり炭酸の解離平衡である．

10.3.1 海水の pH

海水の pH はおおよそ 8 である．雨水の pH は 5.6 であった．海水も大気中の CO_2 と平衡にあるのだとしたら，なぜ雨水と pH の値が異なるのだろうか．雨水は一旦蒸発した水蒸気が凝縮したものであるから CO_2 の溶解前は純水と考えてよいが，海水には NaCl をはじめとした様々な電解質が溶けている．しかし，本質はそこではない．岩石の風化作用で陸水に溶出した Ca^{2+} が海水へ流れ込むことこそが大事なのである．

海水には NaCl のように水中で完全に電離する強電解質のイオンが多く溶け込んでいるが，強電解質の総電荷量は正電荷が過剰となっている．この原因こそが，岩石の風化によって河川に流れ込んだ Ca^{2+} にほかならない．海水は Ca^{2+} の流入によって崩れた電荷バランスを弱電解質で補う．この効果は溶存全炭酸濃度 c_t の値として

$$c_\mathrm{t} = 2.09 \times 10^{-3} \tag{10.22}$$

を仮定することで考慮できる．式 (10.8) と式 (10.12) から，

$$K_0 = \frac{c_\mathrm{t}}{p_{\mathrm{CO_2}}} \left(\frac{[\mathrm{H}^+]^2}{[\mathrm{H}^+]^2 + [\mathrm{H}^+]K_{\mathrm{a1}} + K_{\mathrm{a1}}K_{\mathrm{a2}}} \right) \tag{10.23}$$

が得られ，$[\mathrm{H}^+]$ の 2 次方程式

$$\left(1-\frac{K_0 p_{\mathrm{CO_2}}}{c_\mathrm{t}}\right)[\mathrm{H}^+]^2-\frac{K_0 K_{\mathrm{a1}} p_{\mathrm{CO_2}}}{c_\mathrm{t}}[\mathrm{H}^+]-\frac{K_0 K_{\mathrm{a1}} K_{\mathrm{a2}} p_{\mathrm{CO_2}}}{c_\mathrm{t}}=0$$

を $[\mathrm{H}^+]$ について解くことで pH として 8.6 が得られる．CO_2 分圧が上がると pH が低下することも確認できる．

10.3.2　海水の酸性化とその影響

式 (10.16) を $p_{\mathrm{CO_2}}$ の式として両辺の常用対数をとると

$$\log p_{\mathrm{CO_2}} = 9.80 - 2\mathrm{pH} - \log[\mathrm{Ca}^{2+}] \tag{10.24}$$

が得られる．これを図示すると図 10.3 になる．点線は CO_2 分圧が 355 ppm の場所を，斜めの直線はそれぞれ水溶液中の $[\mathrm{Ca}^{2+}]$ の値を表している．実際の海水の $[\mathrm{Ca}^{2+}]$ は 0.01 mol/L である．点線と 10^{-2}

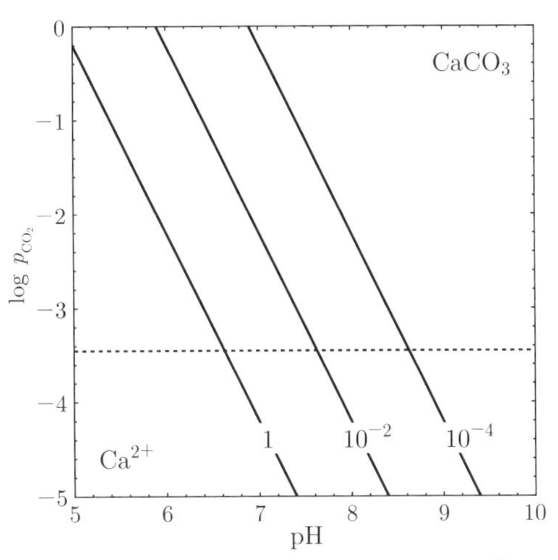

図 10.3　$CaCO_3$ と共存する水溶液中 Ca^{2+} 濃度

の直線を見ると，pH が 7.7 より高ければ $CaCO_3$ が沈殿しうることが分かる．実際の海水の pH は 8 を超えるから，過飽和と呼ばれる状態にあることになる．

海洋生物には $CaCO_3$ を殻として利用するものが数多く存在する．実は，生物が殻を形成するためには海水が $CaCO_3$ について過飽和であることが必要なのである．その意味で，大気の CO_2 分圧が上昇して pH が下がることは，$CaCO_3$ を殻に持つ海洋生物には死活問題ということになる．CO_2 の排出が現状のペースで続けば，21 世紀末までに海面まで未飽和になる海域が出ると予測されており，実際にそのような海水環境で $CaCO_3$ の殻を持つ生物を飼育すると殻が溶けてしまうことが実験的に示されている．

演習問題 10

【1】 本文中で採用した大気中の CO_2 分圧の値 $10^{-3.45}$ は 1990 年ごろのもので，近年は $10^{-3.39}$ まで上昇している．この値を用いて雨水の pH を評価してみよ．

【2】 本文中で求めた海水の pH の値 8.6 は，実際の 8 程度に比べて過大評価になっている．これは海水には様々なイオンが溶解しているために，個々の活量を濃度で置き換えることが近似としてよくないためである．濃度に対するみかけの平衡定数が $K_0 = 10^{-1.49}$，$K_{a1} = 10^{-5.88}$，$K_{a2} = 10^{-9.04}$ であるとして，$p_{CO_2} = 10^{-3.45}$，$10^{-3.39}$ のときの海水の pH を求めてみよ．手計算では面倒なので適宜電卓などを用いるとよい．

解答

【1】 $[H_2CO_3] = 10^{-3.39} \cdot 10^{-1.47} = 10^{-4.86}$ を用いて，本文と同じ手順に従って計算すれば pH は 5.61 と求まる．

【2】 それぞれ 8.09 および 8.04．

11 ホモキラリティとその起源

《目標＆ポイント》 生体構成分子のホモキラリティが高次構造の形成，分子認識において重要であることを学び，その起源を不斉自己増幅反応の観点から議論する．
《キーワード》 キラル，不斉炭素原子，エナンチオマー，ホモキラリティ，自己触媒反応，定常状態，硤合反応

11.1 分子のキラリティ

3 次元空間において，ある物体がその鏡像と重ね合わせることができないとき，その物体は**キラル** (chiral) であると呼ばれる．キラルでない物体は**アキラル** (achiral) と呼ばれる．キラルの語は，Kelvin 卿[1)]による造語で，最も身近な鏡像と重ね合わせることができない物体である“掌”のギリシャ語 $\chi\epsilon\iota\rho$ に由来する．鏡像と重ね合わせるということにピンと来なければ，右手を鏡に写して実世界の手と比べてみればよい．鏡に写した右手は，実世界の（左手とは重なり合うが）右手とは重なり合わない．このような物体をキラルと呼ぶのである．キラルな物体とその鏡像とは，互いに**エナンチオモルフ** (enantiomorph) であると呼ばれる．右手と左手はエナンチオモルフの一例になっている．キラリティとは 3 次元空間における形状の話であるから，分子の世界の話にもキラリティが大きく関与する．

1) W. Thomson, 1st Baron Kelvin (1824–1907).

11.1.1　分子のキラリティと不斉炭素原子

図 11.1 に示したのは乳酸の構造である．それぞれの構造の中心には，異なる 4 つの置換基が単結合した炭素原子がある．このような炭素原子を**不斉炭素原子**という．不斉炭素原子を持つ分子はキラルになることが多い．確かに図 11.1 の左右の分子の構造は，互いに鏡像関係にあって重ね合わせることができない．したがって左右の分子は互いにエナンチオモルフであるが，分子の文脈では立体異性体の一種として**エナンチオマー** (enantiomer) あるいは**鏡像異性体**と呼ばれる．

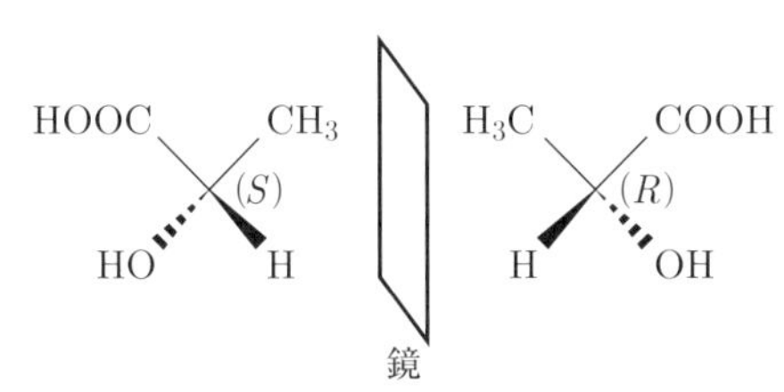

図 11.1　不斉炭素原子とエナンチオマー

不斉炭素原子があれば必ずキラルになるわけではないが，不斉炭素原子の同定とそれに由来する立体異性体の区別は有機化合物のキラリティの議論の出発点となる．図 11.1 の不斉炭素に示された (R), (S) は不斉炭素まわりの立体化学を一意的に示すための $\boldsymbol{RS}$ **命名法**による記号である．これは次のようにして決められている．

RS 命名法

1) Cahn – Ingold – Prelog の順位則 (図 11.2 右) を用い，不斉炭素に結合した 4 つの置換基に優先順位 (①〜④) をつける．
2) 最低順位の置換基 ④ を向こう側に置き，手前から残った置換基を眺める．
3) 高順位から ① → ② → ③ とたどり，右回りであれば R (rec-

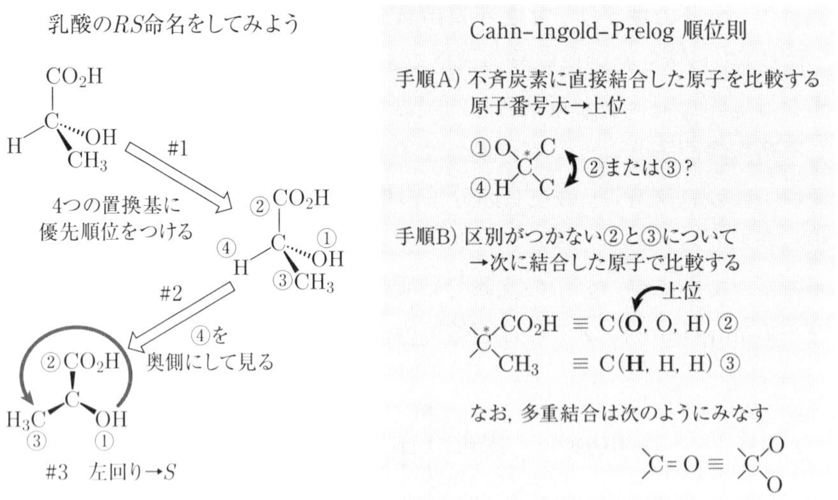

乳酸のRS命名をしてみよう

#1 4つの置換基に優先順位をつける

#2 ④を奥側にして見る

#3 左回り→S

Cahn–Ingold–Prelog 順位則

手順A）不斉炭素に直接結合した原子を比較する
原子番号大→上位

①O ④H ②または③？

手順B）区別がつかない②と③について
→次に結合した原子で比較する

上位

CO_2H ≡ C(**O**, O, H) ②

CH_3 ≡ C(**H**, H, H) ③

なお，多重結合は次のようにみなす

C=O ≡ C(O)(O)

図 11.2　*RS* 命名法

tus)，左回りなら S (sinister) と名づける．

複数の不斉炭素がある場合にも一意的に分子の立体化学を表せるため，現在では RS 命名法を使うのが一般的であるが，糖やアミノ酸に対しては歴史的経緯で DL 命名法が使われることも多いので補足しておこう．この命名法ではまず，分子内の炭素鎖を酸化数の大きい炭素を上にして縦方向に並べる．この際，炭素鎖は紙面の奥に，残り 2 つの置換基は紙面の手前に向かっているとする．このように配置したときに $-NH_2$，$-OH$ が右側 (dextro) にあるものを D 体，左側 (levo) にあるものを L 体と呼ぶ[2]．

アミノ酸の場合は上に $-COOH$，下に側鎖を置いた際に $-NH_2$ が左にあれば L 体，右にあれば D 体となる．糖の場合は $-C{=}O$ から最も遠い不斉炭素について同様に考えて両者を区別する．

2）図 11.1 に示された乳酸の S，R 体がそれぞれ L，D 体であることが確認できれば，手順は正しく理解できている．

11.1.2　エナンチオマーは区別できるか

エナンチオマーどうしは互いによく似た分子であるから，融点や沸点，密度など，**ほとんどの物理化学的性質はエナンチオマー間で同一**で，それらの区別は容易ではない．だとすると，その存在は一体どのようにして見いだされたのだろうか．実はエナンチオマー間で明らかに異なる物性がある．それは光の振動面を回転させる度合い——すなわち**旋光度**である．

エナンチオマー概念はまさに物質が示す旋光性の研究によって成立した．しばしその経緯を振り返ってみよう．ワインのボトルの底やコルクにはときおり結晶状の物質（酒石）が析出する．これは酒石酸とワインに含まれるミネラルが結合してできた塩である．旋光現象の発見者である J.-B. Biot (1774–1862) は，1832 年に酒石酸溶液が右旋性であることを見いだした．また，1838 年に彼は，酒石酸と同一の分子式を持ちながら異なる形状の結晶を与えるラセミ酸が旋光性を示さないことを報告する．

L. Pasteur (1822–1895) は，ラセミ酸のナトリウム・アンモニウム塩の結晶を観察するうちに，その形状が互いに鏡像関係にある結晶が混在していることに気づく．そして，それらを注意深くピンセットで分離したのちに調整したそれらの溶液がそれぞれ右旋性，左旋性を示すことを 1848 年に報告する (図 11.3)．現在の視点から見れば，ラセミ酸とはエナンチオマーの等量混合物だったのである．エナンチオマーの等量混合物を一般に**ラセミ体** (racemic mixture) と呼ぶのはこのことに由来する．

水晶も互いに鏡像関係にある結晶は反対の旋光性を示すが，酒石酸の場合には溶液が旋光性を示す．このように考えると，反対の旋光性を示す溶液内の分子は，分子自体の構造が互いに鏡像関係にあると考えるべ

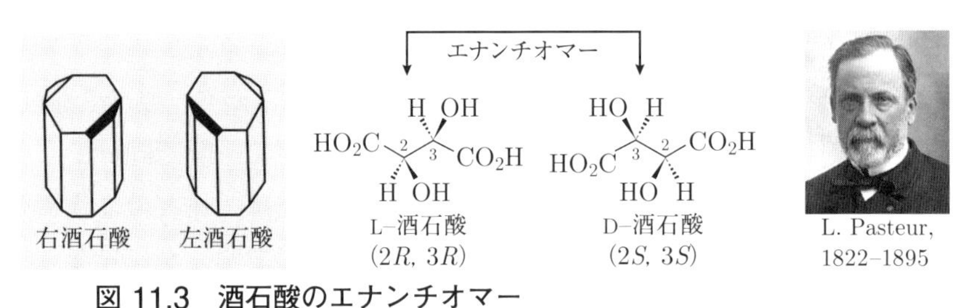

図 11.3　酒石酸のエナンチオマー
写真：© Louis Pasteur. Photograph by Nadar.

きだということになる．1860 年 1 月のパリ化学会における Biot に捧げるとされた講演で Pasteur は次のように述べた．

「右の酸の原子は右回りのねじのらせんに沿って並んでいるのでしょうか，不規則な四面体の頂点に位置しているのでしょうか，それとも何か dissymétrique なある決まった集合に並んでいるのでしょうか．これらの質問には答えられません．しかし，鏡像と重なり合わない dissymétrique な順序に原子が結合しているということは，疑えないでしょう……」

Pasteur がキラルな構造の候補の 1 つとして不規則な四面体を挙げたのは，F. A. Kekulé (1829–1896) の炭素の原子価が 4 であるという説 (1857 年) の影響であろう．ここで Pasteur は不規則な四面体と言っているが，Kekulé の弟子の J. H. van't Hoff (1852–1911) は，正四面体の 4 頂点にすべて異なる置換基がつけばその構造はキラルとなり，これこそが分子の示す旋光性の起源であると述べた (1874 年)．同じ年，J. A. Le Bel (1847–1930) も同様の提案を行った．このような旋光性の理解を深める過程を通じて，化学者は分子の 3 次元的な構造への意識を急速に高めていくこととなった．

11.1.3　エナンチオマーと分子認識

一対のエナンチオマーは旋光性以外のほとんどの性質は等しいと述べたが，それらの相互作用する相手がキラルであれば話は大いに変わってくる．誰かと連れ立って歩くのに，右手と右手，左手と左手では手をつなぐことができないことを思い起こせばイメージしやすいだろうか．このことは特に多糖，核酸，タンパク質のような生体高分子との相互作用において決定的に重要である．なぜなら，これらの高分子の構成単位であるアミノ酸や単糖はみなキラルであり，総体としての高分子もキラルな 3 次元構造をとって相互作用する分子のキラリティを区別して認識するからである (図 11.4).

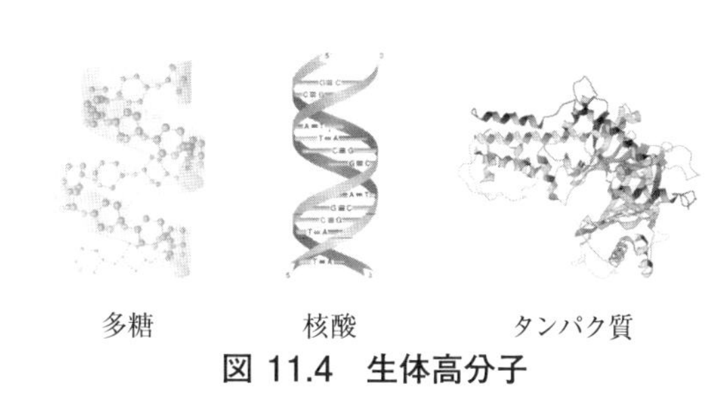

図 11.4　生体高分子

11.1.4　鏡の国のミルクは飲めないかもね

このような分子認識に由来する身近な例をいくつか挙げてみよう (図 11.5)．池田菊苗 (1864–1936) によって昆布から単離されたグルタミン酸ナトリウムの旨味は L 体に特有であり，D 体は苦味を持っている（グルタミン酸はアミノ酸であるので，しばしば L, D で区別される）．これは舌の味蕾(みらい)の受容体タンパクとの相互作用がエナンチオマー間で異なるためである．

なお，この項のタイトルの「鏡の国のミルクは飲めないかもね」とは，

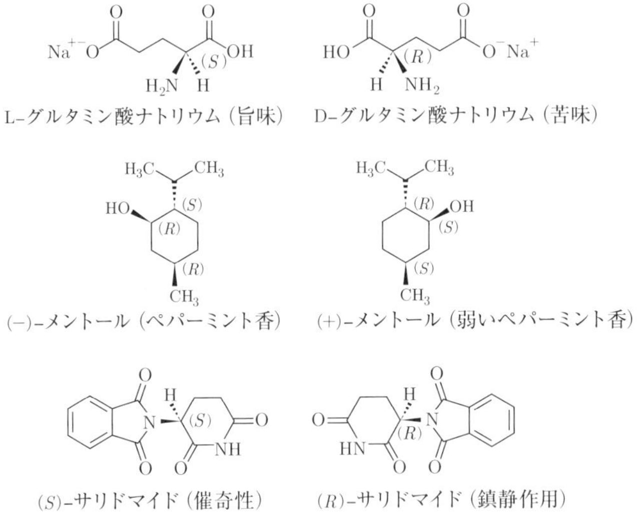

L–グルタミン酸ナトリウム（旨味）　D–グルタミン酸ナトリウム（苦味）

(−)–メントール（ペパーミント香）　(+)–メントール（弱いペパーミント香）

(*S*)–サリドマイド（催奇性）　(*R*)–サリドマイド（鎮静作用）

図 11.5　エナンチオマーと生理活性

Lewis Carroll[3] が書いた小説『鏡の国のアリス』において，アリスが猫のキティに向かって言う台詞である．『鏡の国のアリス』の出版は 1871 年のことであり，彼が酒石酸のエピソードを知っていたかどうかは興味の持たれるところである．

嗅覚でも同様のことが起こる．メントールには 3 つの不斉炭素があって 8 種類の異性体が存在するが，そのうち図中の (−)–メントールだけがペパーミントに含まれ，清涼感のある香りの原因となっている．エナンチオマーの (+)–メントールも同様の香りがするものの，やや弱いとのことである[4]．他の 6 種類の香りはさらに弱いか，異なる香りを持つ．現在市中に出回る (−)–メントールの多くは合成品だが，野依良治 (1938–) らによって開発された不斉触媒によって，3 つの不斉炭素まわりの立体化学を制御した合成が実現されている．

---

3)　イギリス数学者，論理学者，写真家，作家，詩人である C. L. Dodgson (1832–1898) の作家としてのペンネーム．

4)　(+) は右旋性，(−) は左旋性を持つことを意味する．

睡眠薬サリドマイドの悲劇についても触れておかねばなるまい．妊娠時の服用が奇形児の出産につながったという惨禍であるが，調査すると投与されたラセミ体のうち S 体に催奇性が見いだされた．以来，薬の安全性はエナンチオマーごとに厳密に調べられるようになっている．

11.1.5　ホモキラリティの謎

生体高分子であるタンパク質を構成するアミノ酸は 20 種に限られており，それらのうちアキラルなグリシンを除くすべてのアミノ酸は L 体であることが知られている．片方のエナンチオマーのみが存在するホモキラリティと呼ばれる状況が成立していることになる．このような状況においてのみ，タンパク質はアミノ酸の 1 次元配列を定めただけでその 3 次元的な構造が一意に定まる．つまり，構成アミノ酸のホモキラリティこそが，前項で述べたような受容体タンパクによるキラリティを区別した分子認識の起源であると言うことができる．

また，核酸や糖鎖を構成する糖にもキラリティがあるが，それらはすべて D 体であることが知られている．核酸である RNA や DNA による配列情報の複製，糖鎖による細胞間のコミュニケーションや認識は，いずれも分子認識を前提とした生体機能であるから，これらがきちんと作用するためには，やはり構成分子のホモキラリティを前提としたそれらの一意的な 3 次元構造が必須である．

一方で，もともとエナンチオマーどうしはその熱力学的な安定性に差はないと考えられるから，ホモキラリティがどのようにして生じているかは大いなる謎であると言える．ホモキラリティの起源についていまだ定説はないが，以下では速度論の応用で議論ができる 1 つの有力な考え方を紹介しよう．

11.2 ホモキラリティの自己増幅

11.2.1 フランクのモデル

F. C. Frank (1911 – 1998) がホモキラリティの起源について 1953 年に提案した古典的なモデルを議論する．彼が考えたのは

$$\mathrm{A}+\mathrm{R} \xrightarrow{k_1} 2\,\mathrm{R}, \quad \mathrm{A}+\mathrm{S} \xrightarrow{k_1} 2\,\mathrm{S}, \quad \mathrm{R}+\mathrm{S} \xrightarrow{\mu} 0 \tag{11.1}$$

のような反応の組である．ここで A はアキラルな反応物，R，S は互いにエナンチオマーの関係にあるキラル分子であるとする．すなわちこの反応系は，アキラルな A がキラルな R，S に出合って反応速度定数 k_1 でキラルな R，S になる反応[5]と，エナンチオマー R，S が出合って反応速度定数 μ で消滅する反応からなっている．後者の消滅反応は，ヘテロダイマー RS を形成して蒸発や沈殿によって系を離れることに対応すると考えればよい．また，アキラルな反応物 A は外部から供給され，その濃度 a は一定に保たれているとする．このとき，R，S の濃度 r，s の時間変化は

$$\frac{\mathrm{d}r}{\mathrm{d}t} = k_1 a \cdot r - \mu r \cdot s = (k_1 a - \mu s) r \tag{11.2}$$

$$\frac{\mathrm{d}s}{\mathrm{d}t} = k_1 a \cdot s - \mu r \cdot s = (k_1 a - \mu r) s \tag{11.3}$$

で表すことができる．

11.2.2 定常状態と近傍のふるまい

フランクのモデルのふるまいの概略をつかむために，定常状態とその近傍でのふるまいを調べよう．系の定常状態は

---

5) 自己触媒反応もしくは自己増殖反応と呼ばれる．感染症の SIR モデルにも免疫のない非感染者 S と感染者 I が出会って S が I になる $\mathrm{S}+\mathrm{I} \longrightarrow 2\mathrm{I}$ という過程が含まれている．この増殖過程の強力さを，今の我々は身をもって知っていると言えよう．

$$\frac{\mathrm{d}r}{\mathrm{d}t} = 0, \quad \frac{\mathrm{d}s}{\mathrm{d}t} = 0 \tag{11.4}$$

で定義されるから，この系の定常状態は

$$r_{\mathrm{st}} = s_{\mathrm{st}} = \frac{k_1 a}{\mu} \tag{11.5}$$

で与えられる．系を特徴づけるパラメータ k_1，a，μ によって定まる，ある濃度のラセミ体がこの系の定常状態ということになる．最初に式 (11.5) の濃度のラセミ体を用意すれば，この系はずっとそのままで居続ける．図 11.6 は $k_1 a = \mu = 1$ とした場合の (r, s) の時間発展で $(1, 1)$ の丸印が定常状態を表している．

定常状態 $(r_{\mathrm{st}}, s_{\mathrm{st}})$ から少しずれた状態のふるまいは，Δr, Δs を微小量として $r = r_{\mathrm{st}} + \Delta r$,　$s = s_{\mathrm{st}} + \Delta s$ を元の微分方程式に代入することで調べることができる．微小量の 1 次の項までを残すと，定常状態からのずれ Δr, Δs の時間発展を表す微分方程式

$$\frac{\mathrm{d}}{\mathrm{d}\tau}\begin{pmatrix} \Delta r \\ \Delta s \end{pmatrix} = \begin{pmatrix} 0 & -k_1 a \\ -k_1 a & 0 \end{pmatrix}\begin{pmatrix} \Delta r \\ \Delta s \end{pmatrix} \tag{11.6}$$

が得られる．

まず，定常状態からのずれが $\Delta r = \Delta s = \delta$ であるような場合（図 11.6 では対角線上のずれに対応する）を考えてみよう．これはラセミ体の組成を保ったままの濃度変化に対応する．このような状態に対しては

$$\frac{\mathrm{d}}{\mathrm{d}\tau}\begin{pmatrix} \delta \\ \delta \end{pmatrix} = \begin{pmatrix} 0 & -k_1 a \\ -k_1 a & 0 \end{pmatrix}\begin{pmatrix} \delta \\ \delta \end{pmatrix} = -k_1 a \begin{pmatrix} \delta \\ \delta \end{pmatrix} \tag{11.7}$$

が成立する．ここで $k_1, a > 0$ であったから，このようなずれは時間と

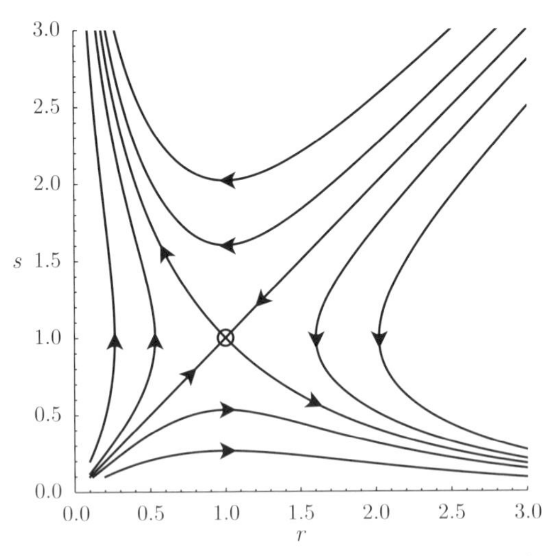

図 11.6　フランクのモデルにおける R，S 濃度の時間発展

ともに指数関数的に解消される．つまり，$(r_{\mathrm{st}}+\delta, s_{\mathrm{st}}+\delta)$ のラセミ体はいずれ定常濃度 $(r_{\mathrm{st}}, s_{\mathrm{st}})$ のラセミ体へと移行する．図 11.6 の対角線についた矢印が定常状態を表す丸印を向いているのは，時間経過とともに定常状態へと向かうことを表している．

次に $\Delta r = -\Delta s = \delta$ のようなずれを考えてみよう．これはラセミ体の組成を崩すようなずれになっている．この場合，

$$\frac{\mathrm{d}}{\mathrm{d}\tau}\begin{pmatrix} \delta \\ -\delta \end{pmatrix} = \begin{pmatrix} 0 & -k_1 a \\ -k_1 a & 0 \end{pmatrix}\begin{pmatrix} \delta \\ -\delta \end{pmatrix} = k_1 a \begin{pmatrix} \delta \\ -\delta \end{pmatrix} \tag{11.8}$$

が成立するので，このようなずれは時間とともに指数関数的に増大[6]する．つまり，定常濃度からラセミ体の組成を破る微小なずれは，時間の経過に伴って指数関数的に増大する．

6）ずれが増大する方向が 1 つでも存在する定常状態は**不安定な定常状態**と呼ばれる．

11.2.3 ホモキラリティが生じるメカニズム

図 11.6 には，定常状態の近傍だけでなく，数値計算によって得られた幅広い濃度領域における系の時間発展の流れが示されている．これを見ると，任意濃度のラセミ体から少しでも組成が片方のエナンチオマーに偏った場合，その偏りは増幅され，**エナンチオマー過剰率** (enantiomer exess, e.e.)

$$\text{e.e.} = \left| \frac{r - s}{r + s} \right| \tag{11.9}$$

は 100％ になることが分かる．最初のわずかな組成の偏りは，環境の揺らぎによって生じると考えればよい，これが Frank の考えたホモキラリティが生じるメカニズムであった．つまり，ホモキラリティは“キラルバイアス（エナンチオマー濃度におけるわずかな偏り）の発生とその増幅”によって生じている．

なお，ホモキラリティの起源については現在様々な説が提案されている状況で，どれか 1 つに確定しているという状況にはない．地球の自転や宇宙空間における円偏光の影響，さらにはパリティ保存の破れに起因してエナンチオマー間でわずかながらエネルギーが異なるという話もある．しかしながら，現在提案されているいずれの効果によっても得られるエナンチオマー過剰率はホモキラリティの観点からは小さすぎると言わざるをえない．このように考えると，何らかの増幅過程は必須であると考えられる．Frank はここに自己触媒反応を想定したが，結晶化過程にも同様な自己増幅性があり，結晶化こそがキラル増幅の主因と見る向きも多い．

一方で 1995 年になって，Frank が想定して以来 40 年の間見つからなかった不斉自己触媒反応が硤合（そあい）憲三 (1950–) らによって発見された．次節では硤合反応について簡単に紹介しよう．

11.3 不斉自己触媒反応

11.3.1 不斉合成の基礎

不斉自己触媒反応の説明をする前に，一方のエナンチオマーのみを作ることがどのようにして可能になるかを，ケトンの還元 (H_2 付加) 反応を例に説明しよう (図 11.7).

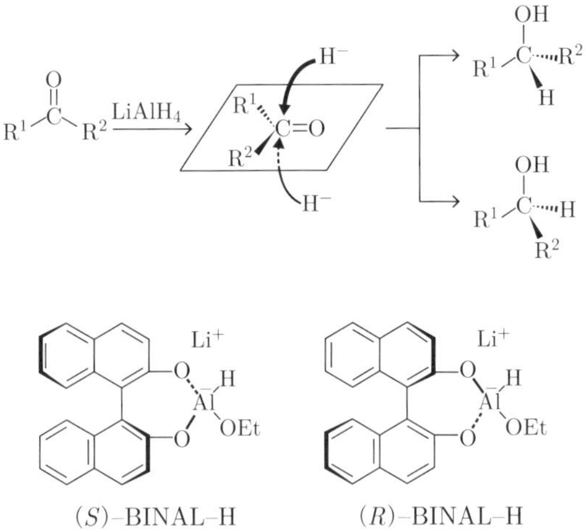

(*S*)–BINAL–H　　(*R*)–BINAL–H

図 11.7　不斉還元剤を用いた不斉合成

図の上半分に示されたのは，通常のケトンの還元の反応スキームである．ケトン $R^1R^2C{=}O$ に還元剤の水素化リチウムアルミニウム $LiAlH_4$ を作用させると，カルボニル基 (C=O) の炭素に H^- が付加し，引き続いて酸素に H^+ が付加してアルコールを生じる．カルボニル炭素への H^- の接近は，通常であればケトンの分子面の上下のいずれからでも可能であり，不斉炭素を持つ生成物のアルコールはラセミ体となる．

ところが，ここで還元剤として図の下半分に示されたキラルな化合物

(S)–BINAL–H，(R)–BINAL–H を用いると，H^- の付加は嵩高(かさだか)い置換基の立体障害によってケトンの分子面の片方のみから起こることになり，単一のエナンチオマーが生成物として得られる．キラルな物質を作ろうと思えば，キラルな反応の場を用意すればよいのである．生体内で酵素がやすやすと不斉合成を実現してしまうのも，生体内が本質的にキラルであることを思えばむしろ自然なことと言える．

同様に BINAP と呼ばれる嵩高い配位子を Rh や Ru などの金属原子と結合することで，キラルな場を持つ触媒機能を発現させることができる (図 11.8)．BINAP–Rh 触媒は上述の (−)–メントールの工業生産に利用されている．

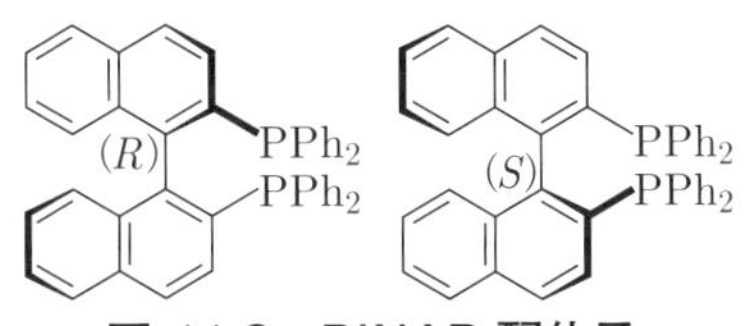

図 11.8　BINAP 配位子

11.3.2　硤合反応

触媒的不斉合成では，ある特定の立体化学を持つ少量の不斉触媒を用いて，優先的に一方のエナンチオマーの生成物を大量に合成することができる．しかし，そのような不斉触媒を作ることが可能だからと言って，これを自然界のホモキラリティの起源とすることはできない．用いる不斉触媒がラセミ体であれば，生成物もやはりラセミ体となるのが普通だからである．基本的には生成物の e.e. は用いた不斉触媒の e.e. と同じである．

ある特定のエナンチオマーが自然にもう一方を圧倒するためには，

Frank の考えたような自己触媒的な過程が必要である．硤合(そあい)らは，実際にそのような不斉自己増殖反応を示す系があることを見いだした(図 11.9).

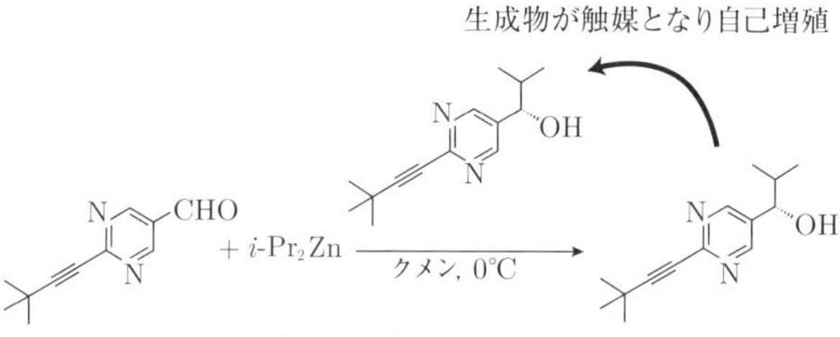

生成物が触媒となり自己増殖

CHO + i-Pr_2Zn → クメン, 0℃ → OH

$^*i$-Pr = イソプロピル基 [$(CH_3)_2CH$-]　　収率 99 %, 99.5 % e.e.

図 11.9　硤合反応

フランクのモデルの解析で見たように，当初の e.e. がわずかに 0 % からずれるだけでも，反応の進行とともに e.e. は急速に増大することが実際に確認されている．そればかりではない．反応の生成物であるキラル化合物とは異なるキラル化合物の存在下もしくはキラル環境下においても，キラリティの選択および増幅がなされることが示された．例えば，左右いずれかの水晶の存在や円偏光の照射で生じたキラルバイアスが実際に生成物のホモキラリティを生むことが実験的に確認されている．何らかの e.e. 増幅機構が存在しさえすれば，わずかな初期キラリティバイアスからホモキラリティが容易に実現されることが実証されたと言える．

演習問題 11

【1】 以下の分子が R 体であるか S 体であるかを判別せよ．

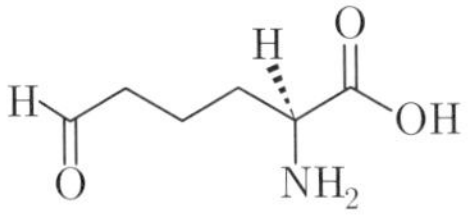

【2】 R 体，S 体がそれぞれ 80%，20% の混合物に対するエナンチオマー過剰率を答えよ．

解答

【1】 不斉炭素に結合している置換基は，Cahn–Ingold–Prelog の順位則における優先順位の高い順に並べると $-NH_2$，$-COOH$，$-(CH_2)_3CHO$，$-H$ となる．H を向こう側に置いて順位の高い順にたどると左回りになるから上記の分子は S 体である．

【2】 定義に従って計算すれば

$$\text{e.e.} = \left| \frac{80 - 20}{80 + 20} \right| = 60\%$$

12 エネルギー通貨としてのATP

《目標&ポイント》 生体内では環境から獲得したエネルギーを一旦 ATP という分子に蓄えて用いる．ATP が生体エネルギーの通貨として選ばれた理由についてリン酸基転移ポテンシャルの観点から議論し，ATP が生体内で果たす様々な役割について概観する．
《キーワード》 ATP の構造と存在形態，リン酸基の転移反応，リン酸基転移ポテンシャル，解糖系，ペプチド合成，筋収縮

12.1 エネルギーの流れを担う分子

12.1.1 代謝と ATP

生物がその生命活動の維持のために環境から取り入れた分子およびエネルギー[1]を用いて行う一連の化学反応を**代謝** (metabolism) と呼ぶ．代謝過程は分子およびエネルギーを生物が使いやすい形に変換する**異化** (catabolism) と，環境から取り入れた分子と異化で変換されたエネルギーを使って単純な分子から複雑な分子を合成する**同化** (anabolism) の 2 つに大別される．

代謝において，生物にとって使い勝手のよいエネルギーを担うのが ATP である．生体内のエネルギー通貨であると耳にしたことがある人も多いだろう．エネルギーは本質的にどこかに蓄えておくということが難しい．エネルギーは最終的には熱となり，熱は温度が均一になるまで系全体に拡散する傾向を持つ．その意味で，蓄えておけるという化学エ

1) 分子自身も化学エネルギーの担い手であるからエネルギーに含められるが，エネルギーとだけ書いて分子のことが忘れられてしまっては困るので分子およびエネルギーとした．

ネルギーの特徴は特別なものだと言えよう．

化学エネルギーを持つという意味ではすべての分子がエネルギー通貨になりうるとも言えるが，生命は ATP を選んだ．その背景には使い勝手のよさがある．以下では ATP の使い勝手のよさについて考えていこう．

12.1.2　ATP の構造と生体内での存在形態

ATP はアデノシン 5′–三リン酸 (adenosine 5′-triphosphate) の略称である．アデノシンとは核酸塩基であるアデニンに糖である D–リボースが結合した分子であり，これに 3 つのリン酸基が結合したものが ATP である (図 12.1)．正式名称にある 5′ はリン酸が結合する炭素の番号を表している．

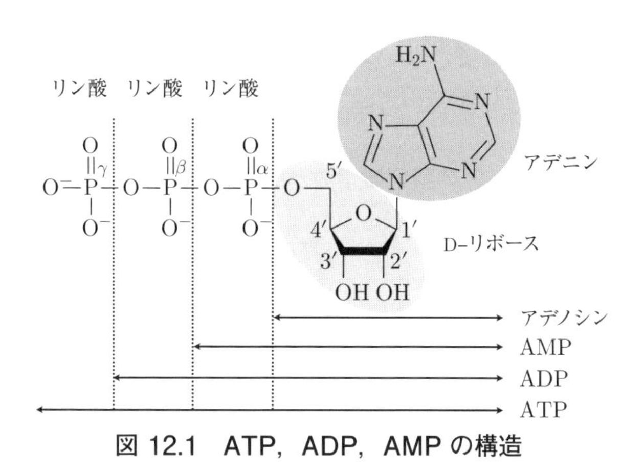

図 12.1　ATP，ADP，AMP の構造

ATP の 3 つのリン酸基は，アデノシンに近い方からそれぞれ α，β，γ と呼ばれる．リン酸基が 1 つ結合したものは一リン酸 (monophosphate)，2 つ結合したものは二リン酸 (diphosphate) であるので，そ

れぞれ略称は AMP，ADP となる[2)]．

ATP は 4 価の酸であるが，図 12.1 にはすべての H^+ が解離した形に描かれている．これは生体内の存在形態を反映したものである．これを確認しよう．表 12.1 の上段には ATP の酸解離指数 pK' が示されている．K に $'$ が付されているのは，これが生体内の環境に近い $pH = 7$，$pMg \equiv -\log\left[Mg^{2+}\right] = 3$（生化学的標準状態）における量であることを意味している．そして $HATP^{3-}$ の pK' が 7 よりも小さいということは，H^+ が解離した ATP^{4-} として存在する割合が多いことを意味する．一方，下段には Mg^{2+} との複合体における Mg^{2+} の解離指数が示されているが，ATP^{4-} の pK' が 3 よりも大きいということは，Mg^{2+} が結合した $MgATP^{2-}$ として存在する割合が多いことを意味する．これらを総合すると，ATP は生体内で $Mg^{2+} \cdots ATP^{4-}$ の形で最も多く存在しているということになる．ATP が関わる多くの反応を示す際にいちいちこのようには書かないが，実際はこのような形で存在していることを意識しておくとよい．

表 12.1　ATP の酸解離指数と Mg^{2+} 複合体の解離指数

反応			pK'
$HATP^{3-}$	$\rightleftharpoons$	$H^+ + ATP^{4-}$	6.47
H_2ATP^{2-}	$\rightleftharpoons$	$H^+ + HATP^{3-}$	3.83
$MgATP^{2-}$	$\rightleftharpoons$	$Mg^{2+} + ATP^{4-}$	3.91
$MgHATP^-$	$\rightleftharpoons$	$Mg^{2+} + HATP^{3-}$	1.93

2)　筋肉の抽出物から当初発見されたのは AMP とリン酸 2 分子が結合したピロリン酸で，それぞれ 1926 年，1927 年のことである．ATP の存在はこれらが結合したものとして予想され，1929 年になって実際に Fiske と Lohmann によって独立に単離された．現在知られている ATP の構造を 1935 年にいち早く提案したのは，旧満州国の大連医院に勤務していた牧野堅 (1907 – 1990) であった．このあたりの事情は，松田誠，東京慈恵会医科大学雑誌 **125**(6), 239, 2010 に詳しい．

12.2　ATP がエネルギー通貨となる理由

12.2.1　加水分解に伴う反応ギブズエネルギー

ATP がエネルギー通貨として利用される理由としてしばしば挙げられるのが，加水分解に伴うギブズエネルギーの大きな低下である．加水分解とは読んで字の如く，

$$\mathrm{ATP} + \mathrm{H_2O} \longrightarrow \mathrm{ADP} + \mathrm{Pi} \tag{12.1}$$

のように H_2O を加えることで ATP の γ リン酸基が外れて ADP となる反応で，外れたリン酸基は無機リン酸 Pi になる．無機リン酸の化学式は H_3PO_4 であるが，しばしば Pi と書く．生体内で最も多いのは ${HPO_4}^{2-}$ の形だが，ATP の場合と同じくこのような事情は省略して Pi と書くことが多い．

実情に即してもう少し詳しく描くと ATP の加水分解は図 12.2 のように表現される．反応機構に興味がある場合には，この方が納得感はあるだろう．ただし，酸の解離状態は本来複数の状態の混合物であるから，このように描くことでかえって不正確になる面もある．今回の議論では反応に伴うギブズエネルギー変化に興味があるので，背景にある様々な事情を踏まえた上で式 (12.1) を用いれば十分である．

ATP をはじめとするリン酸基を持つ分子の加水分解の反応ギブズエネルギーを表 12.2 に示した．いずれも自発的に加水分解が進むことからリン酸基を持つ化合物は一般に不安定であり，加水分解によって安定化することが分かる．これらの中でも特に $\Delta G^{\ominus\prime} < -25\,\mathrm{kJ/mol}$ の化合物はその安定化の度合いが大きいことから，しばしば**高エネルギーリン酸化合物**と呼ばれる．ATP もその要件を満たしており，ATP の加水分解に伴って外部に大きな仕事をすることができて，実際に筋肉や

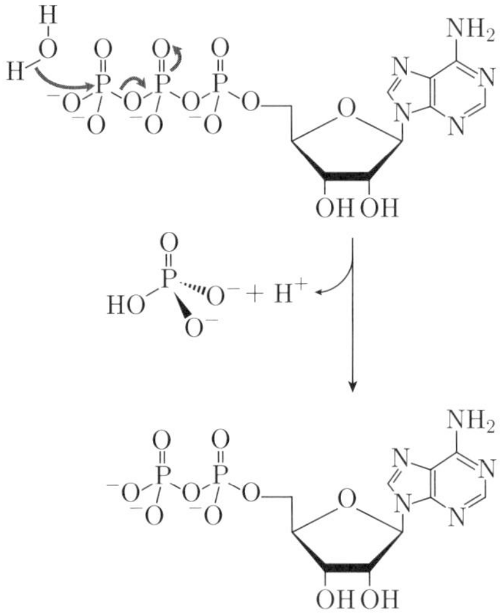

図 12.2　ATP の加水分解

表 12.2　リン酸基を持つ化合物の加水分解反応の反応ギブズエネルギー

化合物（反応）	$\Delta G^{\ominus\prime}$ (kJ/mol)
ホスホエノールピルビン酸	−61.9
1,3−ビスホスホグリセリン酸	−49.4
ATP $\longrightarrow$ AMP + PPi	−45.6
クレアチンリン酸	−43.1
ATP $\longrightarrow$ ADP + Pi	−32.2
グルコース 1−リン酸	−20.9
PPi $\longrightarrow$ 2 Pi	−19.2
フルクトース 1,6−リン酸	−16.7
グルコース 6−リン酸，フルクトース 6−リン酸	−13.8
グリセロール 3−リン酸	−9.2

F_oF_1 モーターにおいては力学的エネルギーを生み出す燃料の役割を果たしている．もちろん熱を発生して我々の体温を保つ役割も担っている．その意味で，ATP がエネルギー通貨として採用された理由の１つ

は，十分に大きなギブズエネルギーを生む点にあると言えよう．しかしながら，これだけでは ATP がエネルギー通貨として採用された理由としては不十分である．

表 12.2 をもう一度見てみよう．加水分解によって無機リン酸 Pi を手放して安定化する度合いで言えば，ATP は必ずしも最も大きな部類にはない．むしろ中間的な値をとっていると見るべきである．実はこの点がエネルギー通貨としての使い勝手には欠かせないのである．このことを次項で議論しよう．

12.2.2　リン酸基の転移反応

リン酸基を含む化合物の加水分解は，化合物から H_2O にリン酸基を渡す反応にほかならない．そのように考えると，それぞれの化合物の加水分解の反応ギブズエネルギーは，H_2O を基準にしたリン酸との親和性の序列を表すものと見ることができる（より負の値を持つものほどリン酸基を他の分子に与える傾向が強い）．ここで思い出したいのは，酸塩基反応を H^+ の授受，酸化還元反応を e^- の授受であると捉え，反応を仲介する H^+，e^- との親和性の序列がそれぞれ pK_a や $\mathcal{E}^{\ominus}$ で整理されたことである．今回もまた同様のロジックが使えそうだ．つまり，表 12.2 に与えられたそれぞれの反応を“リン酸基の授受の半反応”であるとみなして，2 つの反応を組み合わせて得られるリン酸基の転移反応の化学平衡を議論するのである．

具体例として，ホスホエノールピルビン酸 (PEP) の加水分解によってピルビン酸 (pyruvate) が生じる反応と ATP の加水分解

$$\mathrm{PEP} + \mathrm{H_2O} \rightleftharpoons \mathrm{pyruvate} + \mathrm{Pi}, \quad \Delta G^{\ominus\prime} = -61.9\ \mathrm{kJ/mol}$$
$$\mathrm{ATP} + \mathrm{H_2O} \rightleftharpoons \mathrm{ADP} + \mathrm{Pi}, \quad \Delta G^{\ominus\prime} = -32.2\ \mathrm{kJ/mol}$$

を組み合わせてみよう．下の反応を反転させて辺々足し合わせれば，

$$\mathrm{PEP} + \mathrm{ADP} \rightleftharpoons \mathrm{ATP} + \mathrm{pyruvate}, \quad \Delta G^{\ominus\prime} = -29.7\ \mathrm{kJ/mol} \tag{12.2}$$

が得られる．つまり，PEP から ADP にリン酸基が転移することで ADP が ATP へ変換される方向に大きく平衡が偏ることが分かる．同様に考えると，グルコース 6–リン酸 (G–6–P) の加水分解と ATP の加水分解

$$\mathrm{ATP} + \mathrm{H_2O} \rightleftharpoons \mathrm{ADP} + \mathrm{Pi}, \quad \Delta G^{\ominus\prime} = -32.2\ \mathrm{kJ/mol}$$
$$\mathrm{G{-}6{-}P} + \mathrm{H_2O} \rightleftharpoons \mathrm{glucose} + \mathrm{Pi}, \quad \Delta G^{\ominus\prime} = -13.8\ \mathrm{kJ/mol}$$

の組み合わせから

$$\mathrm{glucose} + \mathrm{ATP} \rightleftharpoons \mathrm{G{-}6{-}P} + \mathrm{ADP}, \quad \Delta G^{\ominus\prime} = -18.4\ \mathrm{kJ/mol} \tag{12.3}$$

の反応の平衡が生成物側に偏ることが分かる．以上より，表 12.2 で上にある化合物ほど**リン酸基転移能**が高く，相対的に下にある化合物と混ぜた際，後者が平衡状態において優勢となることが確かめられた．

このような観点に立つと，ATP は中間的なリン酸基転移能を持つからこそ，ただリン酸基を相手分子に与えるだけでなく，解離形の ADP は相手分子からリン酸基を受け取って ATP に戻りえるのだと言える．つまり，ATP は中間的なリン酸基転移能を持つことによって，リン酸基転移を通じてつながるエネルギー代謝の化学反応ネットワークの中心に存在し，生体内のエネルギー通貨として機能しているのである．

12.3 ATP の果たす様々な役割

以下では ATP が生体内で果たす様々な役割を見てみよう．その役割

は一見様々であるが，作用原理はこれまで通り，その中間的なリン酸基転移能にある．この点さえ押さえておけば，議論を見失うことはないはずだ．

12.3.1 解糖系

解糖系 (glycolysis) とは，グルコースをピルビン酸 2 分子に変換する間に正味 2 分子の ATP を生産する代謝経路のことである．解糖は細胞質の基質で起こるが，これは解糖系がミトコンドリアや小胞体などの細胞小器官が発生する以前から存在する最も原始的な代謝系であることを意味するものと考えられている．最も原始的と言いながら，図 12.3 に示すように全体で 10 段階の反応からなっていてなかなか複雑である．それぞれの分子がどのようであるとか，反応機構はどうであるということはひとまず置いておいて，ここでは大まかな流れをフォローしよう．

グルコースは解糖系に入ってすぐ，① で ATP からリン酸基を受け取ってグルコース 6–リン酸になる．この反応の駆動力が ATP とグルコース 6–リン酸のリン酸基転移能の差に由来することは式 (12.3) で議論した通りである．リン酸基のようなイオン性の官能基を持つ分子は細胞膜を通過できないので，① でリン酸基が付与された後，反応物は細胞内にとどまったまま代謝を受ける．② では糖の部分の異性化が起こりフルクトース 6–リン酸となる．ここでもしフルクトース 6–リン酸のリン酸基転移能が ATP を上回ってしまったら近くの遊離 ADP にリン酸基を返してしまうことになるが，糖の部分が異性化するだけでそのようなことは起こらない．③ では 2 つ目のリン酸基の付加によってフルクトース 1,6–リン酸となる．表 12.2 を見ると，フルクトース 1,6–リン酸はフルクトース 6–リン酸よりもリン酸基転移能がわずかに高いものの，ATP の方がより高い状況に変わりはないので，やはりこの反応

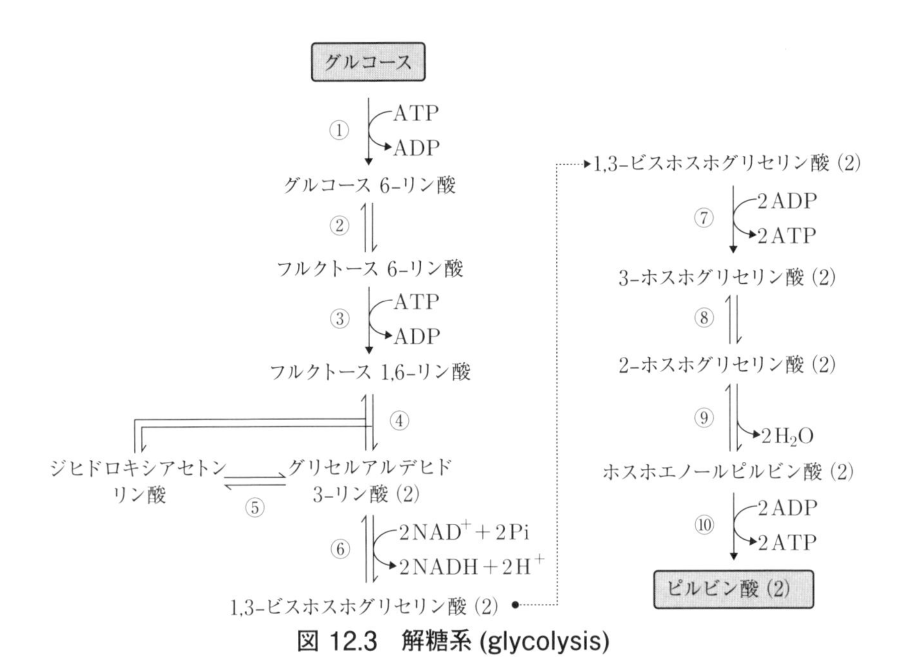

図 12.3 解糖系 (glycolysis)

③ の平衡も生成物に偏っている．④ でフルクトース 1,6–リン酸は 3 つの炭素とリン酸基を持つ 2 つの分子（ジヒドロキシアセトンリン酸およびグリセルアルデヒド 3–リン酸）へと開裂する．これらの 2 種類の分子は ⑤ の異性化反応によって相互に変換する．

解糖系の後半は，⑥ のグリセルアルデヒド 3–リン酸の酸化およびリン酸化から始まる．表 12.2 を見ると，この反応で生じる 1,3–ビスホスホグリセリン酸のリン酸基転移能はかなり高く，これまでと同様にしてリン酸基を付加することは難しい．ここでは酸化とリン酸化を組み合わせることでこの困難な反応を実現している[3)]．生成した 1,3–ビスホスホグリセリン酸はその高いリン酸基転移能によって ⑦ で遊離 ADP にリン酸基を与えて ATP を生じる．解糖系の後半の反応物は原料のグ

3) 酸化還元反応の相手の還元半反応は $NAD^+ + H^+ + 2e^- \rightleftharpoons NADH$ である．

ルコース 1 分子あたり 2 分子となっているので，⑦ の段階でそれまでに使用した ATP と生成した ATP が釣り合う．⑧ でリン酸基の場所が移動し，⑨ で H_2O が抜けて表 12.2 で最もリン酸基転移能が高いホスホエノールピルビン酸が生じ，その高いリン酸基転移能によって遊離 ADP にリン酸基を与えて ATP を合成する [式 (12.2)]．この過程 ⑩ で生成された原料のグルコース 1 分子あたり 2 分子の ATP は解糖系における代謝での純増分ということになる．以上より，酸化分解過程にリン酸基転移が介在することにより，グルコースの酸化で生じるギブズエネルギーが ATP へと変換される様子が見てとれたかと思う．

12.3.2　ペプチド合成

一方のアミノ酸の −COOH と他方のアミノ酸の $-NH_2$ から H_2O が抜けて生じる結合を**ペプチド結合** (−CO−NH−) と呼び，このペプチド結合を介してつながった分子を**ペプチド**と呼ぶ．

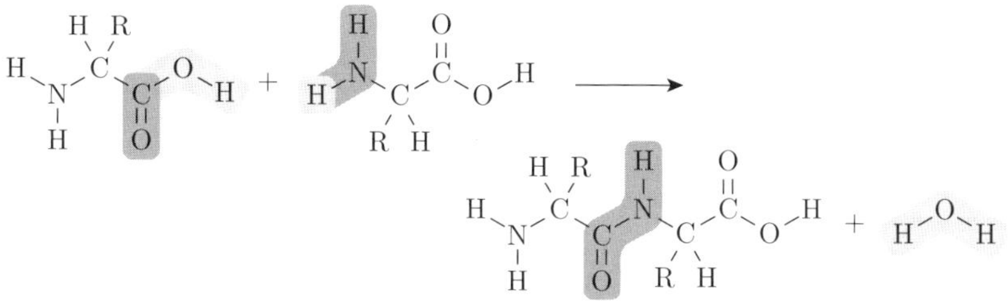

我々の身体を作るタンパク質は多数のアミノ酸がペプチド結合で連なった高分子であり，生体内ではもちろんこのようなアミノ酸の脱水縮合が起こっているはずである．しかしながら，例えばグリシン 2 分子，グリシンとアラニンからなるジペプチドを作る反応の反応ギブズエネルギーはそれぞれ 14.3 および 17.3 kJ/mol であるように，一般にペプチド結

合形成の反応ギブズエネルギーは正である．つまり，アミノ酸がたくさんあるだけではペプチドやタンパク質への転換は起こらない．

細胞内でのペプチド結合形成は細胞内のリボソームによって触媒される複雑な反応であるが，そのエネルギー収支については図 12.4 のスキームで理解することができる．2 つのアミノ酸 AA_1，AA_2 からのジペプチド形成は

$$\textbf{1.}\quad AA_1 + ATP \longrightarrow AA_1\text{–}AMP + PPi \tag{12.4}$$

$$\textbf{2.}\quad PPi + H_2O \longrightarrow 2\,Pi \tag{12.5}$$

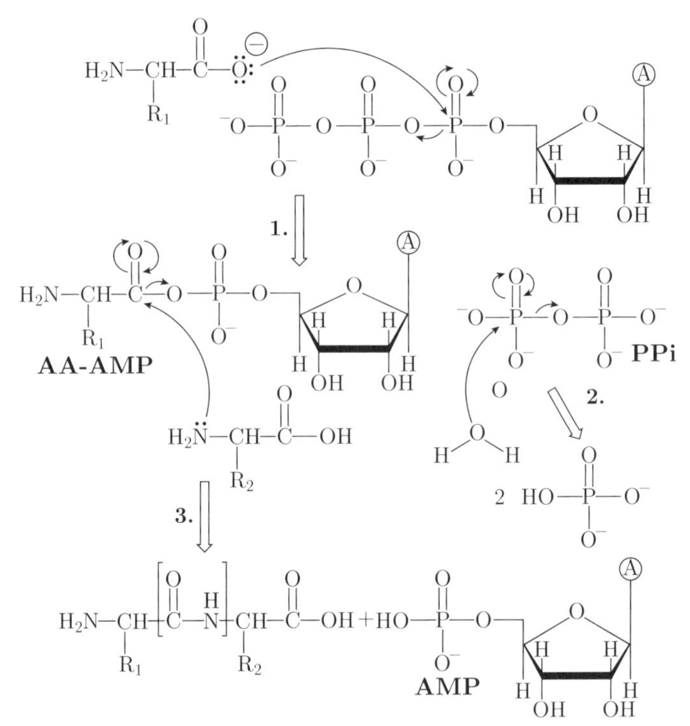

図 12.4　ATP の加水分解と共役したペプチド合成

$$\textbf{3.}\quad \mathrm{AA_1{-}AMP + AA_2 \longrightarrow AA_1{-}AA_2 + AMP} \tag{12.6}$$

を経て起こると考えられる．全体としては

$$\mathrm{AA_1 + AA_2 + ATP + H_2O \longrightarrow AA_1{-}AA_2 + AMP + 2\,Pi} \tag{12.7}$$

という反応になるが，これは見かけ上

$$\textbf{1}'.\quad \mathrm{AA_1 + AA_2 \longrightarrow AA_1{-}AA_2 + H_2O} \tag{12.8}$$

$$\textbf{2}'.\quad \mathrm{ATP + H_2O \longrightarrow AMP + PPi} \tag{12.9}$$

$$\textbf{3}'.\quad \mathrm{PPi + H_2O \longrightarrow 2\,Pi} \tag{12.10}$$

からなると見ることもできる．このとき，反応 $\mathbf{2}'$, $\mathbf{3}'$ の反応ギブズエネルギーの和は $-64.8\,\mathrm{kJ/mol}$ となるから，一般に正の値となる反応 $\mathbf{1}'$ の反応ギブズエネルギーの不利を十分にカバーして全体としての反応の反応ギブズエネルギーを負にすることが可能である．

12.3.3　筋収縮

そもそも ATP が発見されたのは筋肉からの抽出液であった．筋細胞はアクチンとミオシンの 2 つのタンパク質からなるフィラメントによって構成されるが，ミオシンの頭部には ATP の加水分解を触媒的に行う部位が存在することが知られている．筋収縮は，ミオシン頭部における ATP の加水分解によって放出されたエネルギーによって誘起された，アクチンフィラメントとミオシン頭部の間の相対運動に起因する (図 12.5).

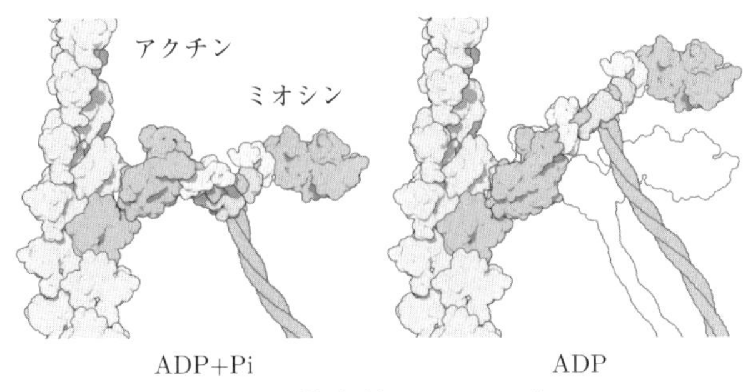

図 12.5　筋収縮のメカニズム

12.3.4　タンパク質のリン酸化

ATP のリン酸基転移能によって，タンパク質におけるセリン，スレオニン，チロシン残基の可逆なリン酸化が誘起されることが知られている．あるタンパク質にそのような修飾が生じると構造が変化し，近傍のタンパク質にもリン酸化のリレーが生じ，ある種の情報伝達の役割を果たすことも知られている．このようなエネルギーの利用やエネルギー代謝以外の生体機能においても ATP は大きな役割を果たすことが知られてきている．

13 生命がエネルギーを得る仕組み

《目標&ポイント》 生命活動の維持に必要なエネルギー獲得機構は酸化還元反応として理解できる．高度に設計された電子伝達系を構成するタンパク質の標準電極電位の調節機構を学ぶ．
《キーワード》 好気呼吸，光合成，電子伝達系，金属錯体，HSAB 則と標準電極電位，Z スキーム

13.1 電子伝達系

生物の主要なエネルギー代謝は全体として

$$C_6H_{12}O_6\,(\mathrm{glucose}) + 6\,O_2 \rightleftharpoons 6\,CO_2 + 6\,H_2O \tag{13.1}$$

のように書くことができる．順反応は高エネルギー物質であるグルコースの酸化によってエネルギーを取り出す**呼吸** (respiration) で，動植物を問わずこれを行う．一方，CO_2 の還元によって高エネルギー物質を作る逆反応は，植物のみが行うことのできる**光合成** (photosynthesis) である．これらいずれの代謝経路においても，酸化還元に必要な電子の流れを制御する**電子伝達系** (electron transport chain) が重要な役割を果たしている．生命がエネルギーを得る仕組みの核心はこの電子伝達系にあると言ってよい．まず電子伝達系がこれらの代謝系のどこにあるかを確認しよう．

13.1.1 好気呼吸の全体像と電子伝達系

十分に O_2 がある好気条件下の呼吸（**好気呼吸**）の概要を図 13.1 に示した．12.3.1 項で見たように，解糖系においてグルコースがピルビン酸へと代謝される．解糖系における代謝生成物は，ピルビン酸，ATP，NADH である．好気条件においてミトコンドリアに運ばれたピルビン酸は，クエン酸へと変換されたのちにクエン酸回路と呼ばれるループ状の代謝経路に入って CO_2 へと変換される．クエン酸回路では CO_2 に加えて ATP，NADH，$FADH_2$ が生じる．解糖系とクエン酸回路を経て得られる代謝生成物は，グルコース 1 分子あたり 10 分子の NADH と 2 分子の $FADH_2$，そして 4 分子の ATP である．

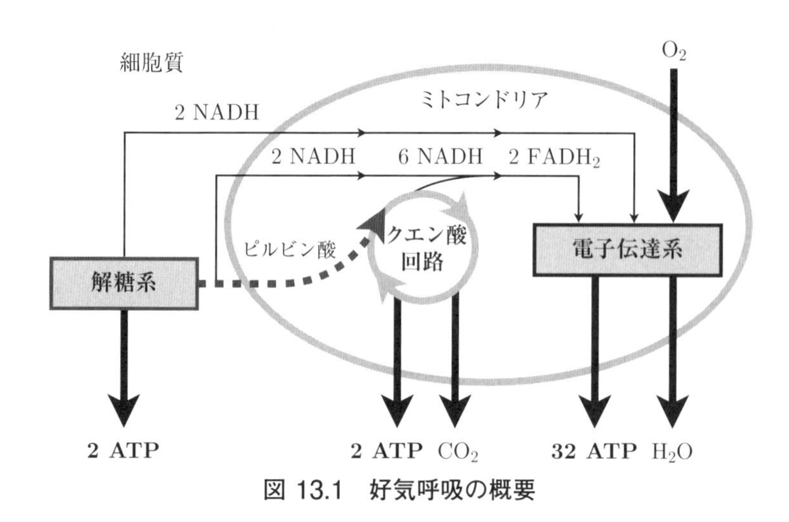

図 13.1　好気呼吸の概要

こうしてできた NADH や $FADH_2$ は電子伝達系に送られて，O_2 に電子を渡して H_2O へと還元し，このときに放出されるエネルギーを利用して ATP を生成する．電子伝達系において生成される ATP はグル

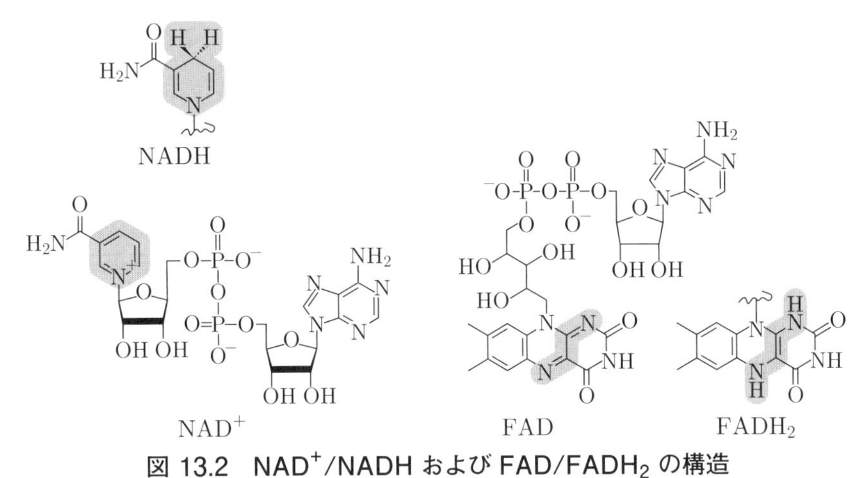

図 13.2　NAD^+/NADH および FAD/$FADH_2$ の構造

コース 1 分子あたり 32 分子であり，解糖系やクエン酸回路に比べてその生産力は圧倒的である．なお，NADH や $FADH_2$ というのは図 13.2 のような構造を持つ分子で，以下の還元半反応

$$\mathrm{NAD^+ + 2\,H^+ + 2\,e^- \rightleftharpoons NADH + H^+}, \qquad \mathcal{E}^{\ominus\prime} = -0.32\ \mathrm{V} \tag{13.2}$$

$$\mathrm{FAD + 2\,H^+ + 2\,e^- \rightleftharpoons FADH_2}, \qquad \mathcal{E}^{\ominus\prime} = -0.22\ \mathrm{V} \tag{13.3}$$

における還元体である．上記の電子伝達系で起こる NADH から O_2 に電子を渡す反応は，式 (13.2) の逆反応と

$$\frac{1}{2}\,\mathrm{O_2 + 2\,H^+ + 2\,e^- \rightleftharpoons H_2O}, \qquad \mathcal{E}^{\ominus\prime} = +0.82\ \mathrm{V} \tag{13.4}$$

を組み合わせて得られる

$$\mathrm{NADH + H^+} + \frac{1}{2}\,\mathrm{O_2 \longrightarrow NAD^+ + H_2O} \tag{13.5}$$

であるから，対応する起電力 $\Delta\mathcal{E}^{\ominus\prime}$ は 1.14 V となり，これは大きなギブズエネルギーを生じる反応であることを意味する．

13.1.2 光合成と電子伝達系

光合成の概要を図 13.3 に示した．光合成は大きく分けて明反応と暗反応からなっている．光合成において電子伝達系は明反応を担っている．ここでは光によって H_2O から取り出した電子で

$$\mathrm{NADP^+ + H^+ + 2\,e^- \rightleftharpoons NADPH}, \qquad \mathcal{E}^{\ominus\prime} = -0.32\ \mathrm{V} \quad (13.6)$$

の順反応によって $NADP^+$ から NADPH を作り，それと同時に解放されたエネルギーを利用して ATP を合成する．明反応で作られた NADPH と ATP はカルビン回路に送られて，CO_2 を還元してグルコースを生じる．カルビン回路で行われる後段の過程は，光を必要としないので暗反応と呼ばれる．

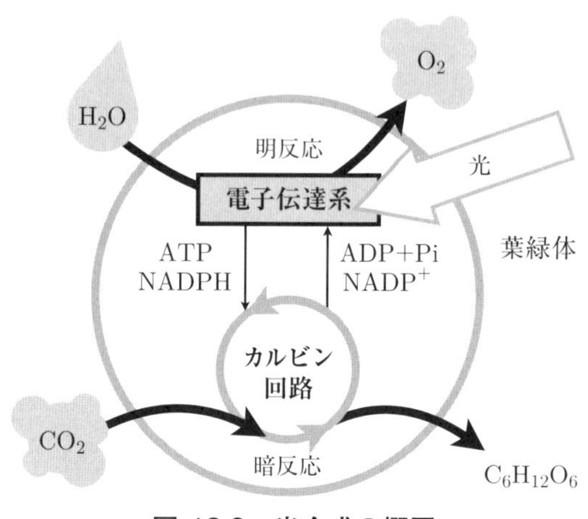

図 13.3　光合成の概要

なお，ここに出てきた $NADP^+$，NADPH は，好気呼吸の電子伝達系の NAD^+，NADH の書き間違いではない．$NADP^+$，NADPH では，NAD^+，NADH のアデニンと結合したリボースの $2'$ の $-OH$ が $-{OPO_3}^{2-}$ となった異なる分子である．しかしながら，それらは互いによく似た分子であり，好気呼吸と光合成のそれぞれに必要な酸化還元反応の場として，両者の電子伝達系は本質的に類似していると言ってよいであろう．

13.2　電子の流れを見てみよう

13.2.1　好気呼吸の電子伝達系

好気呼吸の電子伝達系が行う酸化還元反応は，全体としては先述の通り

$$NADH + H^+ + \frac{1}{2}O_2 \longrightarrow NAD^+ + H_2O$$

と書くことができるが，実際には数多くの酸化還元反応が介在していて，直接 NADH から O_2 に電子が渡されているわけではない．図 13.4 は呼吸の電子伝達系を模式的に示したものである．電子伝達系の実体は，ミトコンドリアの内膜に埋め込まれた呼吸鎖複合体 I，II，III，IV と呼ばれるタンパク質である．図の二重膜より上は外膜と内膜の間の膜間腔，下は内膜の内側の領域でマトリクスと呼ばれる．クエン酸回路はマトリクス中で行われる代謝であり，生成物の NADH は膜の下方から呼吸鎖複合体 I に接近し，最初の電子の受け渡しが行われる．

図中の I $\rightarrow$ Q (ユビキノン) $\rightarrow$ III $\rightarrow$ Cyt c (シトクロム c) $\rightarrow$ IV の矢印はその後の電子の伝達経路を示していて，O_2 は経路の最後に位置する呼吸鎖複合体 IV において電子を受け取っている．経路の途中ではいくつもの酸化還元反応によって電子のリレーが維持されている．電

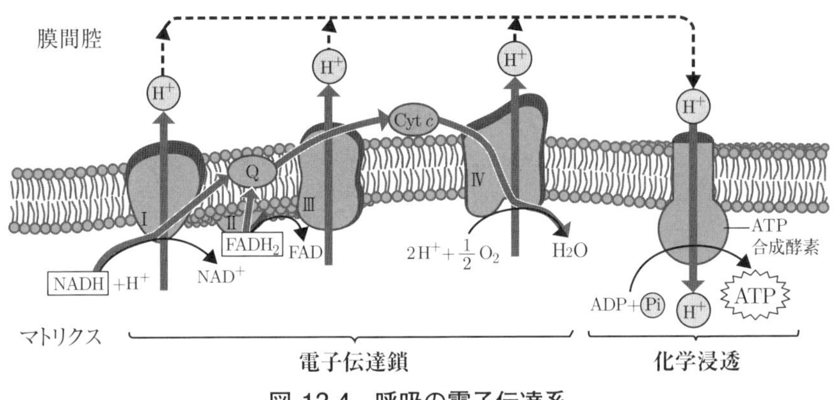

図 13.4　呼吸の電子伝達系

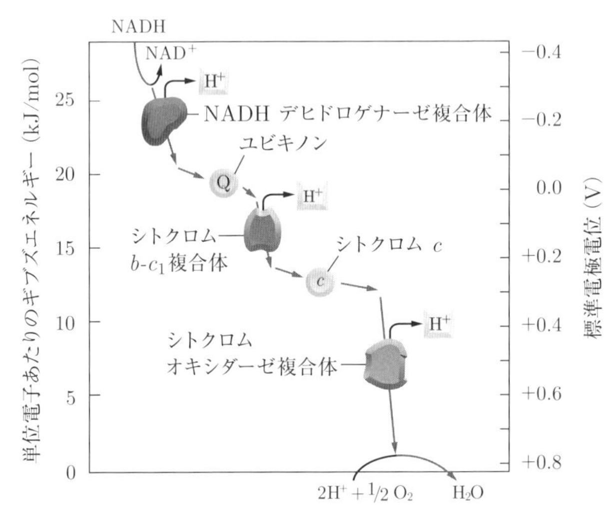

図 13.5　好気呼吸の電子伝達系の標準電極電位

子の受け渡しがうまくいっているということは，介在する酸化還元反応を担う還元半反応における単位電子あたりのギブズエネルギーは徐々に下がっていくと予想される．このとき，標準電極電位は徐々に高くなる[1]．

図 13.5 は，NADH から O_2 への電子伝達経路に存在する I，Q，III，Cyt c，IV の標準電極電位を示したものである．複合体 I，III，IV はそれぞれ，NADH デヒドロゲナーゼ複合体，シトクロム b-c_1 複合体，シトクロムオキシダーゼ複合体として表現されている．この図を見ると，標準電極電位は電子伝達経路の順序通りに徐々に上がっていることが確認できる．

13.2.2　標準電極電位の制御

前項で見た通り，電子伝達系では参加する半反応の標準電極電位がうまく制御されている．どうしたらそのようなことが可能なのか，分子の性質の観点から考えてみよう．電子伝達系に参加する分子の多くは，金属原子と配位子と呼ばれる分子からなる**金属錯体**である．ここで重要なのは，例えば Fe^{2+}，Fe^{3+} のように，金属原子が様々な酸化状態をとりうるということである．そして，それらの間の酸化還元反応の標準電極電位は，近くにある配位子によって変化する．

シトクロム b-c_1 複合体では，シトクロム c よりもシトクロム b が前段にあり，標準電極電位は c よりも b の方が低くなっている．両シトクロムの標準電極電位の相対関係は以下のようにして理解できる．

シトクロム c の構造を図 13.6 に示した．中心部にある平面上の分子はポルフィリンである．ポルフィリン環の 4 つの N 原子は，中心に位置する Fe イオンに配位している．また，上からヒスチジン残基の N 原子が，下からメチオニン残基の S 原子が Fe イオンに配位している．すなわちシトクロム c は 6 配位の Fe 錯体である．一方で，シトクロム b の場合には，下部に位置する残基もヒスチジンになっていて，6 方向す

---

1)　電位は正の単位電荷に対して定義されている．正電荷を持つ粒子は電位の高い方から低い方へ力を受けるが，負電荷を持つ電子は電位の低い方から高い方へ力を受ける．酸化還元ではもっぱら電子が主体であるので，反応スキームを描く際には図 13.5 のように電位の低い方を上に描くことが多い．

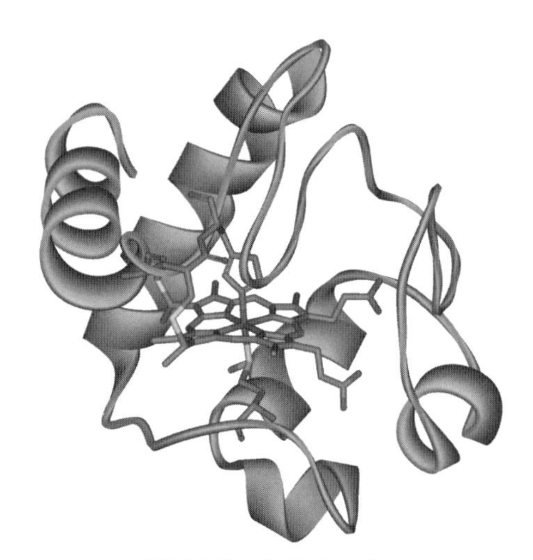

図 13.6　シトクロム c

べてから N 原子が配位する．

ここで議論したいのは，中心の Fe イオンの酸化還元反応

$$Fe^{3+} + e^{-} \rightleftharpoons Fe^{2+} \tag{13.7}$$

の電極電位である．シトクロム b は +0.07 V，シトクロム c は +0.254 V であり，上記の半反応の平衡はシトクロム c の方が右に傾いている．HSAB 則の考え方によれば，Fe^{2+} は Fe^{3+} より軟らかい酸である．軟らかい酸を安定化させるのは軟らかい塩基である．N と S を比べると S の方が軟らかいから，すべての配位原子が N であるシトクロム b よりも，1 つが軟らかい塩基である S に置き換わったシトクロム c の方が Fe^{2+} を相対的に安定化（Fe^{3+} を相対的に不安定化）することになる．このように考えることで，確かにシトクロム c の方が上記の平衡は右に傾き，より高い標準電極電位を持つことが正しく理解できる．

13.2.3　ATP の合成

図 13.4 の複合体 IV よりもさらに右の位置に ATP 合成酵素がある．この酵素[2]は，複合体 I，III，IV を電子が流れていく過程でマトリクス側から膜間腔へ H^+ が輸送されて生じる膜の内外の H^+ 濃度差を利用して ATP を合成する働きを持っている．ATP 合成酵素は膜に刺さった逆さの茸(きのこ)のような形をしているが，この酵素が ATP を作る過程は実に興味深い．

膜の内外に H^+ 濃度差があるとき，この茸の軸の脇を通じて H^+ が輸送される．この輸送過程と共役して軸が回転し，回転運動と共役して ATP は合成される．F_1 モーターと呼ばれる茸状の部分だけを取り出して力学的に軸を回しても，ATP を合成することができること，また，ATP を添加すると今度は逆向きの回転が誘起されることが実験的に示されている．生体エネルギー変換にはこのような化学エネルギーと力学的エネルギーの変換機構をも含んでいたのである．エネルギー代謝は生命活動の維持にとって最重要とも言える代謝であるが，それゆえに自然は他の代謝系には見られない様々なチャレンジをしたと見え，その分子メカニズムには我々の想像を優に超えるものが多いようである．

13.3　光合成における電子の流れ

13.3.1　光による電子の汲み上げ

好気呼吸の電子伝達系においては，標準電極電位が低く，電子を他の分子に与える能力（還元力）の高い NADH が反応の出発点にあって電子伝達系の起点となっていた．この場合，NADH が複合体 I に来れば，あとは自然に電子伝達が行われる．一方，光合成の電子伝達系の起点は H_2O であるが，どのようにして安定な酸化物である H_2O から電子を奪い，そして電子伝達の起点を作り出すかが問題となる．もちろんそこに

2）　タンパク質からなる生体触媒．酵素について詳しくは第 14 章で述べる．

は光が関与するが，光がどのようにしてそれを可能にしているのかがここでの問題である．

分子はそれぞれに決まった振動数の電磁波を吸収，放出する性質がある．量子論によれば，振動数 ν の電磁波は

$$E = h\nu \tag{13.8}$$

のエネルギーを持つ光子の集団としての性質を併せ持つ．ここで $h = 6.63 \times 10^{-34}$ J·s はプランク定数である．光の振動数 ν と波長 λ の積は光速 $c = 3.00 \times 10^8$ m/s に等しいから，光子のエネルギーは波長を用いて

$$E = \frac{ch}{\lambda} \sim \frac{1240\ [\mathrm{nm} \cdot \mathrm{eV}]}{\lambda} \tag{13.9}$$

と書くことができる．可視光の波長はおおよそ 400〜800 nm であるから，3.10〜1.55 eV のエネルギーを持つ光子の集合体に相当する．分子が決まった波長の光——すなわち決まったエネルギーの光子を吸収，放出するのは，分子内の電子のエネルギーがある決まった飛び飛びの値しかとれないことによる[3)]．

光の照射によって分子内の電子状態がどのように変化するかを考えよう．分子の被占軌道と空軌道のエネルギー差に相当するエネルギーを持つ光が分子に当たると，図 13.7(a) に示されたように被占軌道にあった電子は空軌道に励起される．この励起分子の酸化還元力はどうなるであろうか．ここで，分子の電子供与能（還元力）は最高被占軌道 (HOMO) の軌道エネルギーが高いほど高く，分子の電子受容能（酸化力）は最低空軌道 (LUMO) の軌道エネルギーが低いほど高かったことを思い出

3）　分子内の電子エネルギーが飛び飛びとなるのは，電子が粒子性とともに併せ持つ波動性による．波動性を持つ電子が原子核から受けるポテンシャルによってある特定の空間に閉じ込められるという状況は，ギターの弦や太鼓の膜と類似の状況にある．電子の状態がある決まった飛び飛びのエネルギーをとることと，ギターや太鼓が飛び飛びの決まった音程を持つこととは本質的に同じ現象である．

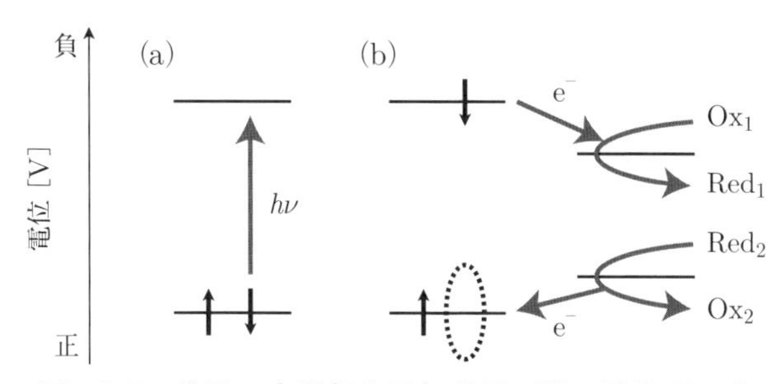

図 13.7　分子の光励起と励起分子が持つ酸化還元力

そう.

図 13.7(b) に示されるように，光励起分子に生じた 2 つの半占軌道 (Singly Occupied Molecular Orbital; SOMO) は電子供与能と電子受容能を兼ね備えている．ここでエネルギーの高い方の SOMO は基底状態の HOMO よりもエネルギーが高いから元の分子よりも電子供与能が高く，またエネルギーの低い方の SOMO は基底状態の LUMO よりもエネルギーが低いから電子受容能が高いことが分かる．すなわち，光励起によって分子は元の分子よりも高い電子供与能・電子受容能を同時に獲得するのである.

図 13.7(b) の右側に示されたように，励起分子はエネルギーの高い SOMO よりも高い標準電極電位を持つ Ox_1 に電子を渡して還元し，エネルギーの低い SOMO よりも低い標準電極電位を持つ Red_2 から電子を奪って酸化することができる．光合成の電子伝達系の全体の反応

$$NADP^+ + H_2O \longrightarrow NADPH + H^+ + \frac{1}{2}O_2 \qquad (13.10)$$

に当てはめて考えれば，Ox_1 は $NADP^+$ であり，Red_2 は H_2O ということになる．つまり，光合成の電子伝達系を駆動するために励起される分子 P の HOMO は H_2O の HOMO よりもエネルギーが低く，

LUMO は $NADP^+$ の LUMO よりもエネルギーが高いことが望ましい．実際の光合成において分子 P の役割を果たすのは，クロロフィルである．

13.3.2 光合成の電子伝達系と Z スキーム

光合成の電子伝達系は，葉緑体内部のチラコイドと呼ばれる円盤状の袋の膜にある．図 13.8 にあるように，チラコイド膜には光化学系 II (Photosystem II; PS II)，シトクロム b_6f (Cyt b_6f)，光化学系 I (Photosystem I; PS I) というタンパク質複合体と ATP 合成酵素が埋め込まれており，PS II，Cyt b_6f，PS I が電子伝達系である．

図 13.9 は，電子伝達系を構成する PS II，Cyt b_6f，PS I の標準電極電位と電子の流れである．まず最初に起こるのは，PS II に存在する反応中心 P680 の光励起である．P680 は波長 680 nm の光を吸収するク

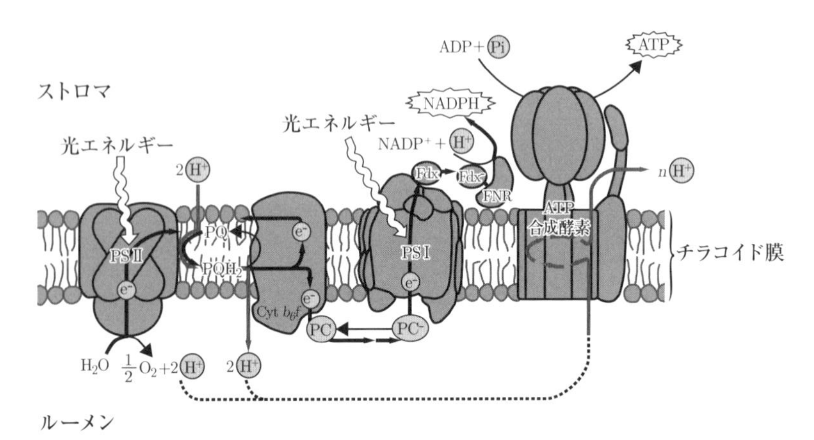

図 13.8 光合成の電子伝達系

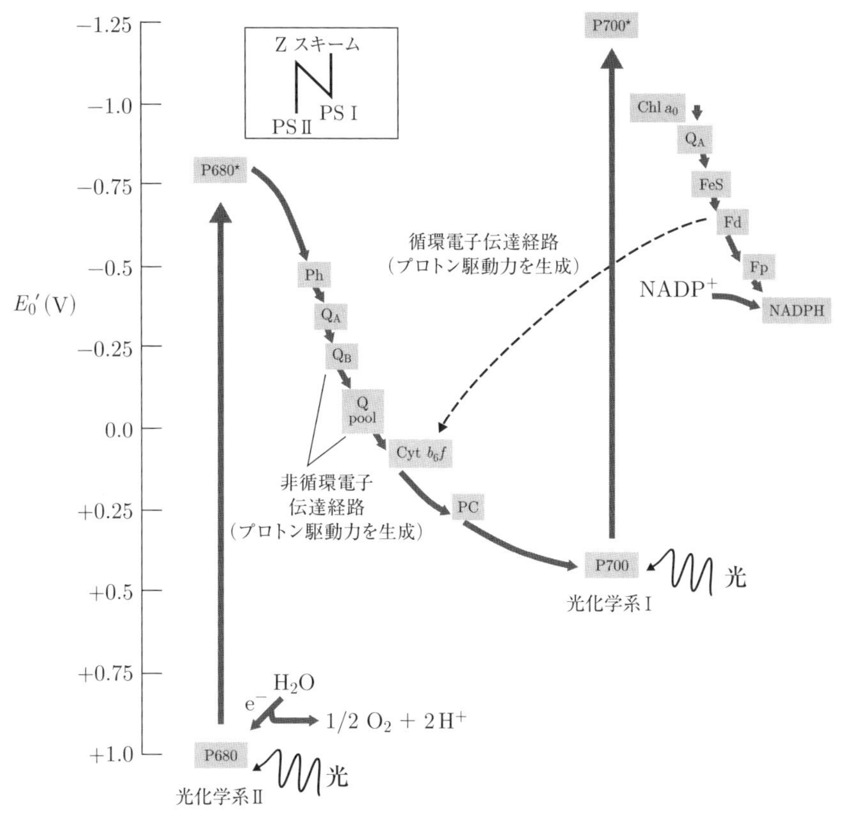

図 13.9　光合成の電子伝達系の標準電極電位

ロロフィル 2 量体である．P680 は光を吸収することによって +1.3 V に正孔および −0.5V に電子を生じる．H_2O の酸化は

$$O_2 + 4\,H^+ + 4\,e^- \rightleftharpoons 2\,H_2O, \quad \mathcal{E}^{\ominus\prime} = +0.82\ \mathrm{V} \tag{13.11}$$

の逆反応であるから，+1.3 V の正孔によって H_2O から電子を奪って酸化することができる．−0.5 V に生じた電子は自発的に Cyt b_6f→PS

I と移動することができ，この電子移動と共役する形でストロマ側からルーメン側へ H^+ 移動が起きる．最初の H_2O の酸化で生じた H^+ とともに，ルーメン側ではストロマ側に対して H^+ 濃度が上昇する．こうして生じた H^+ の濃度勾配の形で蓄えられたエネルギーは，ATP 合成酵素によって ATP へと変換される．

一方，PS I では波長 700 nm の光を吸収するクロロフィル 2 量体の励起が起こる．光吸収によって生成した P700* は -1.2 V と強い還元力を獲得し，

$$\mathrm{NADP^+} + \mathrm{H^+} + 2\,\mathrm{e^-} \rightleftharpoons \mathrm{NADPH}, \quad \mathcal{E}^{\ominus\prime} = -0.32\ \mathrm{V} \qquad (13.12)$$

の順反応を駆動して $NADP^+$ を還元して NADPH を生成する．このとき P700* には $+0.5$ V 程度の電位に正孔も生じているが，これは PS II から来た電子が埋めることによって反応のループが閉じる．これらの反応を標準電極電位の観点からまとめると図 13.9 になるが，これを横から見ると Z の形をしているので，しばしば Z スキームと呼ばれる．P680* の励起電子の電位も -0.5 V であるから，原理的には $NADP^+$ の還元が可能ではあるが，2 段階の励起を行っている．P680* から P680 への脱励起から逃れるためには，速やかに電位勾配を利用して励起電子を移動させることが必要となるが，その過程で還元力は低下してしまうから，このような 2 段階の励起を選択したのだと考えることができる．

14 感染症を抑える小さな分子

《目標＆ポイント》 感染症などの薬の働く仕組みを速度論の観点から議論する．複合反応の取り扱いを学び，ミカエリス・メンテン機構に基づいて酵素反応の基質特異性および反応阻害について議論する．
《キーワード》 定常状態近似，酵素，ミカエリス・メンテン機構，基質特異性，阻害剤，鍵と鍵穴

14.1 複合反応の反応解析

生体機能の多くは，様々な分子が共存する雑多な環境で，数多くの化学反応が互いに結びついて発現している．したがって，本章で取り上げる感染症などの薬の働く仕組みを理解する上でも，複数の反応が相互に関連する複合反応の取り扱いが必要となる．本節ではその基本として，定常状態近似に基づく複合反応の解析方法を紹介する．

14.1.1 逐次反応と定常状態近似

ここでは複合反応の基本形として

$$\mathrm{A} \xrightarrow{k_1} \mathrm{B} \xrightarrow{k_2} \mathrm{C} \tag{14.1}$$

のような逐次反応を考える．各々の反応は素反応であるから，速度式は

$$-\frac{\mathrm{d[A]}}{\mathrm{d}t} = k_1[\mathrm{A}] \tag{14.2}$$

$$\frac{\mathrm{d[B]}}{\mathrm{d}t} = k_1[\mathrm{A}] - k_2[\mathrm{B}] \tag{14.3}$$

$$\frac{\mathrm{d[C]}}{\mathrm{d}t} = k_2[\mathrm{B}] \tag{14.4}$$

のように書き下せる．A の式は直ちに積分できて

$$[\mathrm{A}] = [\mathrm{A}]_0 \mathrm{e}^{-k_1 t} \tag{14.5}$$

で与えられる．ここで $[\mathrm{A}]_0$ は初期濃度である．この結果を代入すれば B の式も解くことができて

$$[\mathrm{B}] = [\mathrm{A}]_0 \frac{k_1}{k_2 - k_1} \left(\mathrm{e}^{-k_1 t} - \mathrm{e}^{-k_2 t}\right) \tag{14.6}$$

となる[1)]．また，B，C の初期濃度を 0 とすれば

$$[\mathrm{A}]_0 = [\mathrm{A}] + [\mathrm{B}] + [\mathrm{C}] \tag{14.7}$$

の関係があるから，C については

$$[\mathrm{C}] = [\mathrm{A}]_0 \left\{1 - \frac{1}{k_2 - k_1} \left(k_2 \mathrm{e}^{-k_1 t} - k_1 \mathrm{e}^{-k_2 t}\right)\right\} \tag{14.8}$$

のように求まる．

得られた A，B，C の濃度の時間発展をある特定の k_1，k_2 に対して図示したのが図 14.1(a)，図 14.1(b) である．図 14.1(a) では $k_1 > k_2$，

1） A についての解を代入すると

$$\frac{\mathrm{d}y}{\mathrm{d}t} + P(t)y = Q(t)$$

で $y = [\mathrm{B}]$，$P(t) = k_2$，$Q(t) = k_1[\mathrm{A}]_0 \exp(-k_1 t)$ としたものが得られる．この微分方程式の解は

$$y = \exp\left(-\int P(t)\mathrm{d}t\right) \int \left\{Q(t) \exp\left(\int P(t)\mathrm{d}t\right) \mathrm{d}t\right\}$$

で与えられるので上記の解が得られる．これはできなくてよい．

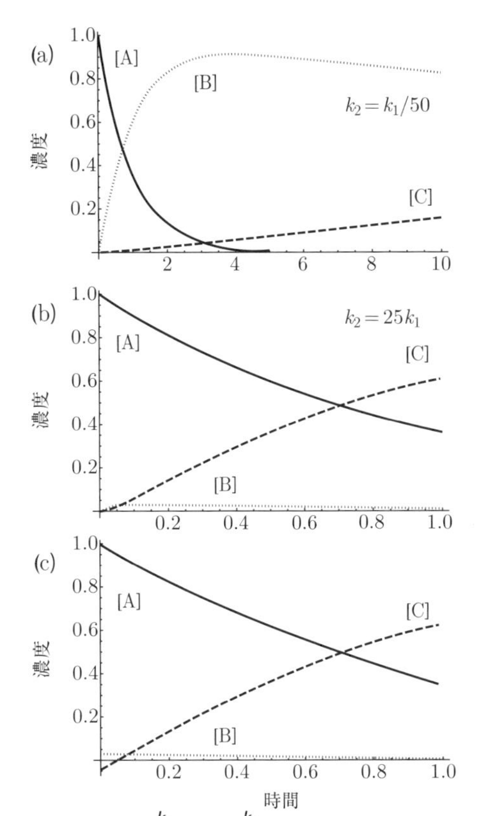

図 14.1　逐次反応 A $\xrightarrow{k_1}$ B $\xrightarrow{k_2}$ C における濃度の時間変化

図 14.1(b) では $k_1 < k_2$ であると仮定されている．最初に A が減って B が現れ，その後に C が生じており，確かに逐次的に反応が進む様子が見てとれる．ところで，このように結合した微分方程式が解析的に解ける例は必ずしも多くない．その一方で，世の中に存在する多くの反応はより多くの素反応が複雑に絡み合った複合反応であるから，より簡便に系のふるまいを押さえる方法が必要となる．

図 14.1(b) に示された $k_1 < k_2$ の場合に注目しよう．この条件は「B ができるまで時間がかかるが，一旦 B ができたら速やかに C になる」ということを意味するから，必然的に B の濃度は常に小さく，また図を見ると濃度の時間変化も小さいことが分かる．式で考えれば，式 (14.6)，式 (14.8) に $k_1 \ll k_2$ の条件を課せば

$$[\mathrm{B}] \sim \frac{k_1}{k_2}[\mathrm{A}]_0 \mathrm{e}^{-k_1 t} = \frac{k_1}{k_2}[\mathrm{A}] \tag{14.9}$$

$$[\mathrm{C}] \sim [\mathrm{A}]_0 \left(1 - \mathrm{e}^{-k_1 t}\right) = [\mathrm{A}]_0 - [\mathrm{A}] \tag{14.10}$$

のようになる．

ここで最初から [B] の時間変化を

$$\frac{\mathrm{d}[\mathrm{B}]}{\mathrm{d}t} = 0 \tag{14.11}$$

として他成分に比べてゼロに近い定常濃度にあるとみなすことにすると，式 (14.3) から

$$[\mathrm{B}] = \frac{k_1}{k_2}[\mathrm{A}] \tag{14.12}$$

が得られる．また，この関係を用いれば

$$\frac{\mathrm{d}[\mathrm{C}]}{\mathrm{d}t} = k_2[\mathrm{B}] = k_2\frac{k_1}{k_2}[\mathrm{A}] = k_1[\mathrm{A}] \tag{14.13}$$

となるから，事実上

$$-\frac{\mathrm{d}[\mathrm{A}]}{\mathrm{d}t} = k_1[\mathrm{A}] \tag{14.14}$$

$$\frac{\mathrm{d}[\mathrm{C}]}{\mathrm{d}t} = k_1[\mathrm{A}] \tag{14.15}$$

で定義される系を考えればよいことになる．これは反応として

$$\mathrm{A} \xrightarrow{k_1} \mathrm{C} \tag{14.16}$$

を考えることと等価であり，系の取り扱いは断然簡単になる．このような近似は**定常状態近似**と呼ばれ，複合反応が複雑になればなるほどその恩恵は大きく，反応解析に広く用いられている．なお，図 14.1(c) に示したのは定常状態近似による [A]，[B]，[C] の時間変化であるが，反応のごく初期の時間帯を除けば，図 14.1(b) に示された正しい時間変化を非常によく再現していることが分かるだろう．

14.2 酵素反応の速度論

14.2.1 ミカエリス・メンテンの式

生体内における化学反応を触媒するタンパク質を酵素と呼ぶ．酵素が介在することで促進される酵素反応の多くは，ミカエリス・メンテン機構[2)]によって説明される．酵素を E，基質を S，複合体を ES，そして生成物を P とするとその機構は

$$\mathrm{E} + \mathrm{S} \underset{k_{-1}}{\overset{k_{+1}}{\rightleftharpoons}} \mathrm{ES} \xrightarrow{k_2} \mathrm{E} + \mathrm{P} \tag{14.17}$$

のように表される．ここで酵素 E が存在しない状況での S→P よりも ES→E+P の方が圧倒的に速いことがポイントとなる．ES に対して定常状態近似をすると

$$\frac{\mathrm{d[ES]}}{\mathrm{d}t} = k_{+1}[\mathrm{E}][\mathrm{S}] - k_{-1}[\mathrm{ES}] - k_2[\mathrm{ES}] = 0 \tag{14.18}$$

となるから，複合体の定常濃度 [ES] は

2)　L. Michaelis (1875 – 1949) と M. L. Menten (1879 – 1960) による．Michaelis は 1922 年から 1926 年に米国に渡るまで，名古屋帝国大学医学部（当時）の生化学教授として日本で研究活動を行った．

$$[\mathrm{ES}] = \left(\frac{k_{+1}}{k_{-1}+k_2}\right)[\mathrm{E}][\mathrm{S}] \tag{14.19}$$

で与えられる．よって正味の反応速度 v は

$$v = \frac{\mathrm{d}[\mathrm{P}]}{\mathrm{d}t} = k_2[\mathrm{ES}] = \frac{k_{+1}k_2}{k_{-1}+k_2}[\mathrm{E}][\mathrm{S}] \tag{14.20}$$

となる．ここで酵素の初期濃度を $[\mathrm{E}]_0$ とすれば

$$\begin{aligned}[\mathrm{E}]_0 = [\mathrm{E}] + [\mathrm{ES}] &= [\mathrm{E}] + \left(\frac{k_{+1}}{k_{-1}+k_2}\right)[\mathrm{E}][\mathrm{S}] \\ &= [\mathrm{E}]\left\{1 + \frac{k_{+1}}{k_{-1}+k_2}[\mathrm{S}]\right\} \end{aligned} \tag{14.21}$$

であるので，酵素の濃度 $[\mathrm{E}]$ は初期濃度 $[\mathrm{E}]_0$ や基質濃度 $[\mathrm{S}]$ と

$$[\mathrm{E}] = [\mathrm{E}]_0 \frac{k_{-1}+k_2}{k_{-1}+k_2+k_{+1}[\mathrm{S}]} \tag{14.22}$$

のような関係にある．これを用いれば反応速度 v は

$$v = \frac{k_{+1}k_2[\mathrm{E}]_0[\mathrm{S}]}{k_{-1}+k_2+k_{+1}[\mathrm{S}]} = \frac{k_2[\mathrm{E}]_0[\mathrm{S}]}{\dfrac{k_{-1}+k_2}{k_{+1}}+[\mathrm{S}]} \tag{14.23}$$

のように表すことができる．ここで

$$V_{\mathrm{max}} = k_2[\mathrm{E}]_0 \tag{14.24}$$

$$K_{\mathrm{m}} = \frac{k_{-1}+k_2}{k_{+1}} \tag{14.25}$$

を定義すると，

$$v = \frac{V_{\mathrm{max}}[\mathrm{S}]}{K_{\mathrm{m}}+[\mathrm{S}]} \tag{14.26}$$

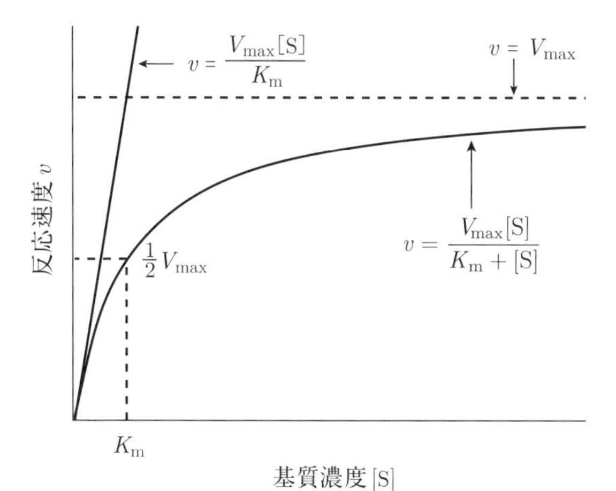

図 14.2　ミカエリス・メンテン曲線

となる．これを一般にミカエリス・メンテンの式と呼ぶ．ここで

$$v \sim \begin{cases} V_{\max}[S]/K_m & ([S] \ll K_m) \\ V_{\max} & ([S] \gg K_m) \end{cases} \tag{14.27}$$

となることから分かる通り，反応速度 v は基質濃度 [S] が小さいときには比例定数 $V_{\max}/K_m$ で [S] に比例して増加し，[S] が K_m に比べて大きくなると $V_{\max}$ に漸近する (図 14.2)．$V_{\max}$ を上記のように定義したのはこのことから明らかであろう．一方で K_m は式 (14.19) から

$$K_m = \frac{k_{-1} + k_2}{k_{+1}} = \frac{[E][S]}{[ES]} \tag{14.28}$$

であることが分かるから K_m は酵素と基質の複合体の解離定数となっている．

以上の議論から，基質濃度 [S] を変えながら反応速度 v を測定することで $V_{\max}$ と K_m を実験的に決定できることが分かるであろう．例えば，H. Lineweaver (1907 – 2009) と D. Burk (1904 – 1988) は式 (14.26) の逆数の式

$$\frac{1}{v} = \frac{1}{V_{\mathrm{max}}} + \frac{K_{\mathrm{m}}}{V_{\mathrm{max}}} \frac{1}{[\mathrm{S}]} \tag{14.29}$$

を用いて実験結果の解析を行った．$1/v$ を $1/[\mathrm{S}]$ についてプロットすれば，縦軸との切片から $1/V_{\mathrm{max}}$ が，横軸との切片から $-1/K_{\mathrm{m}}$ が分かることになる．

14.2.2 基質特異性

ミカエリス・メンテンの式のパラメータ V_{max}，K_{m} が求まったとして，これらの値から酵素の働きについてどのようなことが議論できるかを見てみよう．時間あたりに触媒が行う触媒サイクル (ターンオーバー) 数をターンオーバー頻度 (Turn Over Frequency; TOF) k_{cat} と呼ぶ．上記のミカエリス・メンテン機構では，ES から生成物 P が離れる速度定数に相当するから

$$k_{\mathrm{cat}} = k_2 = \frac{V_{\mathrm{max}}}{[\mathrm{E}]_0} \tag{14.30}$$

である．ここで，式 (14.27) を k_{cat} で書き直すと

$$v \sim \begin{cases} k_{\mathrm{cat}}[\mathrm{E}]_0[\mathrm{S}]/K_{\mathrm{m}} & ([\mathrm{S}] \ll K_{\mathrm{m}}) \\ k_{\mathrm{cat}}[\mathrm{E}]_0 & ([\mathrm{S}] \gg K_{\mathrm{m}}) \end{cases} \tag{14.31}$$

となる．つまり，基質濃度が低いときには，反応は [S]，[E] に比例する 2 次反応であり，基質濃度が高いときには [E] だけに比例する 1 次反応となっている．したがって k_{cat} は酵素の能力を表す反応速度定数であることが分かる．一方，基質濃度が低いときの速度定数 ϵ

表 14.1　フマラーゼの速度論的パラメータ (実測)

基質	k_{cat} s^{-1}	K_{m} mM	$\epsilon = k_{\mathrm{cat}}/K_{\mathrm{m}}$ $(\mathrm{s}\cdot\mathrm{mM})^{-1}$
フッ化フマレート	2700	0.027	100000
フマレート	800	0.005	160000
塩化フマレート	20	0.11	180
臭化フマレート	2.8	0.11	25
ヨウ化フマレート	0.043	0.12	0.36

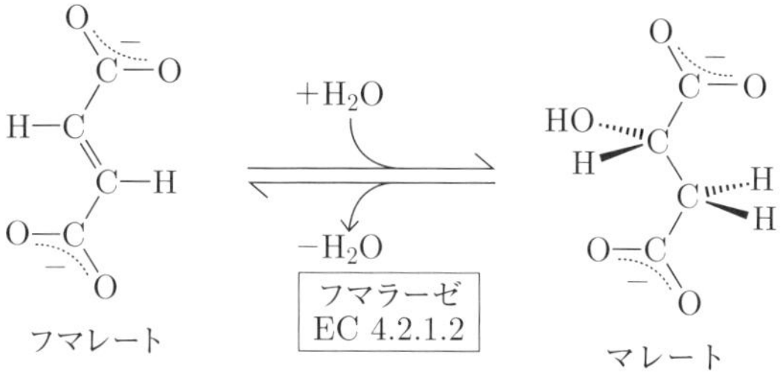

図 14.3　フマラーゼが触媒する反応

$$\epsilon = \frac{k_{\mathrm{cat}}}{K_{\mathrm{m}}} \tag{14.32}$$

は基質特異度として有用である．K_{m} は複合体 ES の解離定数であったから，K_{m} が小さい基質 S ほど複合体 ES として存在しやすく，基質濃度が低くても反応速度 v は大きくなると期待できる．

表 14.1 には，フマラーゼ[3]と呼ばれる，図 14.3 の反応を触媒する酵素について，基質のフマレートの 1 つの水素をハロゲンで置換した際に反応がどのように変化するかを調べた結果がまとめてある．もともとこの酵素はクエン酸回路でフマレートを基質として作用するものであるが，ϵ を見ると，水素原子を 1 つハロゲン原子に置換することでその値が落ちていることが分かるだろう[4]．もちろん，さらに構造が異なる分

3)　フマル酸ヒドラターゼ (加水酵素) とも呼ばれる．

4)　k_{cat} だけで見るとフッ化フマレートの方が大きいが，酵素であるフマラーゼとの結合においてフマレートの方が勝ることで，フマレートの方が大きな ϵ を与えている．K_{m} だけで議論することも多いが，この例のように注意が必要である．

子の場合には，加水反応を起こすことはできなくなる．このような基質特異性は生体触媒である酵素の最大の特徴であり，代謝経路の各段階において必要な分子に対してだけ反応が進行して次の反応に生成物が受け渡されることは生体内の雑多な分子環境下で正しく代謝を行うために必須な性質であると言える．

14.2.3 酵素反応の阻害

酵素が基質特異性を持つことを述べたが，表 14.1 は同時に構造が似通った分子は同じ反応を受ける可能性があることも示唆している．生体内では一般に様々な分子が混在するから，似通った分子による酵素反応がどのように阻害されるのかを考えておくことも重要である．ここでは，構造が似通った分子によって活性部位への結合が競合的に起こる場合――すなわち**競合阻害**の効果について調べてみよう．考えるモデルは

$$\mathrm{E} + \mathrm{S} \underset{k_{-1}}{\overset{k_{+1}}{\rightleftharpoons}} \mathrm{ES} \xrightarrow{k_2} \mathrm{E} + \mathrm{P} \tag{14.33}$$

$$\mathrm{E} + \mathrm{I} \underset{k_{-1'}}{\overset{k_{+1'}}{\rightleftharpoons}} \mathrm{EI} \tag{14.34}$$

である．阻害剤を I，阻害剤と酵素との複合体は EI とした．酵素の初期濃度を $[\mathrm{E}]_0$ とすれば常に

$$[\mathrm{E}]_0 = [\mathrm{E}] + [\mathrm{ES}] + [\mathrm{EI}] \tag{14.35}$$

が成立している．ここで [E]，[ES]，[EI] について定常状態近似を適用すれば

$$-k_{+1}[\mathrm{E}][\mathrm{S}] + (k_{-1} + k_2)[\mathrm{ES}] - k_{+1'}[\mathrm{E}][\mathrm{I}] + k_{-1'}[\mathrm{EI}] = 0 \tag{14.36}$$

$$k_{+1}[\mathrm{E}][\mathrm{S}] - (k_{-1} + k_2)[\mathrm{ES}] = 0 \tag{14.37}$$

$$k_{+1'}[\mathrm{E}][\mathrm{I}] - k_{-1'}[\mathrm{EI}] = 0 \tag{14.38}$$

が成立する．式 (14.37) より

$$[\mathrm{E}] = \frac{(k_{-1}+k_2)[\mathrm{ES}]}{k_{+1}[\mathrm{S}]} = K_{\mathrm{m}}\frac{[\mathrm{ES}]}{[\mathrm{S}]} \tag{14.39}$$

が得られる．K_{m} はミカエリス・メンテン機構と同じ定義である．これを式 (14.38) に代入すると

$$[\mathrm{EI}] = \frac{K_{\mathrm{m}}k_{+1'}[\mathrm{I}][\mathrm{ES}]}{k_{-1'}[\mathrm{S}]} = \frac{K_{\mathrm{m}}[\mathrm{I}][\mathrm{ES}]}{K_{\mathrm{i}}[\mathrm{S}]} \tag{14.40}$$

が得られる．$K_{\mathrm{i}} = k_{-1'}/k_{+1'}$ は EI の解離定数である．これらの式を式 (14.35) に代入すると

$$[\mathrm{E}]_0 = \frac{K_{\mathrm{m}}[\mathrm{ES}]}{[\mathrm{S}]} + [\mathrm{ES}] + \frac{K_{\mathrm{m}}[\mathrm{I}][\mathrm{ES}]}{K_{\mathrm{i}}[\mathrm{S}]} \tag{14.41}$$

が得られ，[ES] について解けば

$$[\mathrm{ES}] = \frac{K_{\mathrm{i}}[\mathrm{S}][\mathrm{E}]_0}{K_{\mathrm{m}}K_{\mathrm{i}} + K_{\mathrm{i}}[\mathrm{S}] + K_{\mathrm{m}}[\mathrm{I}]} \tag{14.42}$$

となる．これに k_2 を乗じたものが反応速度であるから

$$v = \frac{k_2K_{\mathrm{i}}[\mathrm{S}][\mathrm{E}]_0}{K_{\mathrm{m}}K_{\mathrm{i}} + K_{\mathrm{i}}[\mathrm{S}] + K_{\mathrm{m}}[\mathrm{I}]} = \frac{k_2[\mathrm{E}]_0[\mathrm{S}]}{K_{\mathrm{m}} + [\mathrm{S}] + K_{\mathrm{m}}\cdot K_{\mathrm{i}}^{-1}[\mathrm{I}]} \tag{14.43}$$

$$= \frac{V_{\max}[\mathrm{S}]}{K_{\mathrm{m}}(1+K_{\mathrm{i}}^{-1}[\mathrm{I}]) + [\mathrm{S}]} \tag{14.44}$$

が得られる．これは元のミカエリス・メンテンの式と同形であり，K_{m} が

$$K'_{\mathrm{m}} = K_{\mathrm{m}}\left(1 + \frac{[\mathrm{I}]}{K_{\mathrm{i}}}\right) \tag{14.45}$$

に置き換わったものと見ることができる．阻害剤Iの濃度が0もしくは解離定数が無限大であれば阻害剤の効果は現れないが，そうでない場合には K'_{m} を K_{m} に比べて大きくする効果があり，実効的に基質と酵素の解離定数が大きくなることによって反応速度は低下する．

14.3 ウイルスの作用を分子で阻害する

14.3.1 ウイルス治療薬についての基本的な考え方

ウイルスの基本構造は遺伝情報の本体である核酸とカプシドと呼ばれるタンパク質のみであり，代謝やエネルギー産生を可能とする高度な仕組みは備わっていない．このためウイルス単独では増殖することができず，宿主となる別の生物の細胞に侵入し，細胞にある物質やエネルギー，タンパク質合成機能などを借用することで初めて増殖が可能となる．この増殖が安定的に持続した状態がウイルスへの感染であり，この状態が宿主の生命活動に大きな影響を与える場合にはウイルス感染症として問題になる．

ウイルスの増殖の過程は，大きく分けて (1) 細胞表面への吸着，(2) 細胞内への侵入，(3) 核酸の遊離，(4) ウイルスタンパク質の合成および核酸の複製，(5) 集合，(6) 増殖したウイルスの細胞からの脱離からなっている．これらの過程は多くの生体機能と同様，酵素が介在する多くの化学反応によって成り立っている．このことに注目すると，増殖過程において鍵となる化学反応に関与する酵素に対する阻害剤は，ウイルス感染症に対する特効薬となりうることが導かれる．現在の創薬においては，その標的となるタンパク質の構造決定を行い，タンパク質と強く結合する分子を設計，合成することが日常的に行われている．

14.3.2　インフルエンザ治療薬

インフルエンザウイルスは，宿主細胞の糖タンパク質にあるシアル酸類を通じて宿主細胞に結合する．宿主細胞で新たに形成されたウイルスが他の細胞に感染するためには宿主細胞から離れる必要があるが，その際に必要なのがシアル酸残基末端の加水分解を触媒するウイルス・ノイラミニダーゼと呼ばれる酵素である．したがって，この酵素の働きを阻害すればインフルエンザの影響を抑えることができるはずである．実際そのような考えに基づいて分子論的に設計された薬が，ザナミビル（リレンザ）やオセルタミビル（タミフル）である（図 14.4）．酵素が示す反応基質に対する特異性はしばしば **“鍵と鍵穴”** の関係に喩えられるが，図 14.4 の右側に示されたザナミビルとノイラミニダーゼの複合体の実測構造を見ると，確かにザナミビルはノイラミニダーゼが持つ凹みにすっぽり収まることで安定化しており，ミクロの世界の鍵と鍵穴にほ

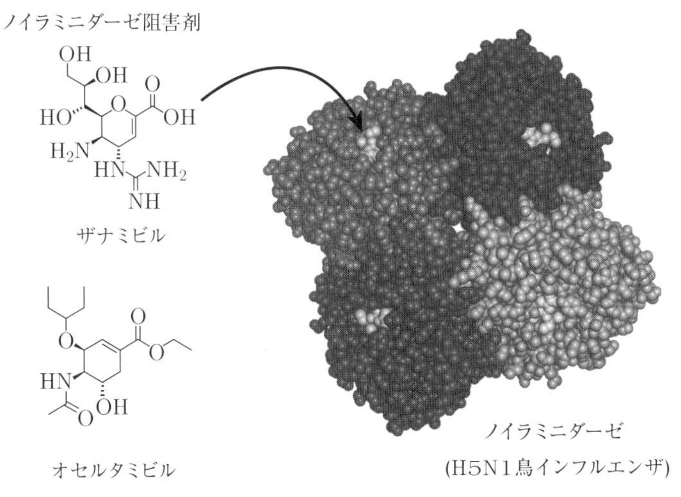

図 14.4　ノイラミニダーゼの阻害剤

かならないことが見てとれる．なお，これらの薬がC型インフルエンザに効かないのは，C型インフルエンザウイルスがウイルス・ノイラミニダーゼを持たないためである．

演習問題 14

【1】 反応モデル

$$\mathrm{A} + \mathrm{X} \xrightarrow{k_1} 2\,\mathrm{X}$$

$$\mathrm{X} + \mathrm{Y} \xrightarrow{k_2} 2\,\mathrm{Y}$$

$$\mathrm{Y} \xrightarrow{k_3} \mathrm{C}$$

に対して[X]，[Y]の速度式を導き，定常状態を決めよ．ただし，[A]，[C]は定数 A，C であるとせよ．

解答

【1】

$$\frac{\mathrm{d[X]}}{\mathrm{d}t} = k_1 A[\mathrm{X}] - k_2[\mathrm{X}][\mathrm{Y}]$$

$$\frac{\mathrm{d[Y]}}{\mathrm{d}t} = k_2[\mathrm{X}][\mathrm{Y}] - k_3[\mathrm{Y}]$$

であるからそれぞれ0と置いて

$$([\mathrm{X}]_{\mathrm{st}}, [\mathrm{Y}]_{\mathrm{st}}) = (0, 0) \ \ \text{and} \ \ \left(\frac{k_3}{k_2}, \frac{k_1 A}{k_2}\right)$$

が得られる．

15　地球規模の問題に挑む分子システム

《目標＆ポイント》 人類が分子の変化を利用してきた歴史を振り返るとともに，地球温暖化やエネルギー問題をはじめとする現代の地球規模の問題に分子システムを用いていかに対処しうるかを考える．
《キーワード》 金属の精錬，化学肥料，感染症と薬，人工光合成，太陽電池

15.1　分子の変化と人類の歴史

人類の歴史を紐解いてみると，本科目で扱ってきたような分子の変化が重要な役割を担った局面がしばしば見られる．以下ではそれらを振り返りつつ，地球温暖化やエネルギーの枯渇など，目下の地球規模の問題に対して分子の変化を利用して何ができるのかを探る．

15.1.1　火の利用

火を恐れず利用することができるのは他の動物に比べた人類の著しい特徴であり，その意味で人類の歴史は“火の利用”に始まると言ってもよいであろう．そのきっかけは，山火事などの観察にあったと考えられている．多くの動物が逃げ惑う姿を見れば，動物を追い払えることに気がついたであろうし，また焼けた木の実が食用となることに気がつくものもいたのだろう．もちろん，暖を取ったり，灯（あかり）としても利用したはずだ．以来，燃焼（酸化反応）は人類とともにある最も普遍的な化学反応である．人類の歴史はその出発点からして化学反応とともにあったと言

える．

15.1.2 木炭の発明

化学反応の利用において大きな意義を持つのが，木炭の発明である．木炭はほぼ純粋な無定形の炭素である．木炭は木材の乾留[1]によって作ることができる．化学式で書けば

$$[C_6(H_2O)_5]_n \longrightarrow 6nC + 5nH_2O \tag{15.1}$$

という反応である．木炭の燃焼は

$$C + O_2 \longrightarrow CO_2 \tag{15.2}$$

$$C + \frac{1}{2}O_2 \longrightarrow CO \tag{15.3}$$

として表現される[2]．木炭は一部酸化されているセルロースに比べてさらに大きな化学エネルギーを蓄えた物質であるから，その燃焼によってより多くのエネルギーを取り出すことができる．木炭の燃焼では，自然通風で 1200℃，また**ふいご**の利用による強制送風で 1400℃ 程度の高温を作ることができる．陶器や磁器の製造はこのような高温条件によって初めて可能になる．木炭の発明の意義は高温条件の達成のみにとどまらない．CO が持つ還元性は有用な金属の精錬を可能とする．

15.1.3 様々な金属の利用

金属は展性，塑性に富み，加工が容易であること，また，光沢の存在に特徴がある．単体で金属となる元素は多くあるが，地表では多くが酸化物となって金属としての性質を失っている．金，銀，銅のいわゆる貴金属は単体として産出することもあり，珍重された．

---

1) 酸素の供給を絶って蒸し焼きにすること．

2) 炉の中で定常的な燃焼が起こっている場合，両反応を可逆反応として平衡を考える必要がある．高温条件では CO_2 に対して CO が支配的となる．

銅は一般に酸化物や硫化物として産出するが，例えば，赤銅鉱 Cu_2O は木炭と熱することによって銅の単体を得ることができる．赤銅鉱は木炭の燃焼によって生じた CO [式 (15.3)] と

$$\mathrm{Cu_2O + CO \longrightarrow 2\,Cu + CO_2} \tag{15.4}$$

のように反応する．つまり，赤銅鉱 Cu_2O は還元されて，銅の単体となる．銅は多くの場合に，錫（すず）との合金，すなわち**青銅**[3]の形で利用された．その方が融点が低くより硬くなるためである．錫の比率によって黄金色や白銀色の金属光沢を呈することから，斧・剣・壷などの他に装飾具にも盛んに使われた．東アジアで数多く出土する銅鏡も青銅製である．

銅よりも地球上にあまねく存在し，安価に入手できるのは鉄である．鉄は隕鉄（いんてつ）を除けば基本的には酸化物として産出する．例えば磁鉄鉱 Fe_3O_4 はやはり木炭と熱することで

$$\mathrm{Fe_3O_4 + CO \longrightarrow 3\,FeO + CO_2} \tag{15.5}$$

$$\mathrm{FeO + CO \longrightarrow Fe + CO_2} \tag{15.6}$$

の反応が起こり，単体の鉄を取り出すことができる．鉄は青銅に比べて強度が大きく勝り，武器や農具の作成において鉄を得ることには大きな意味がある．青銅や鉄の利用が進んだ時代はそれぞれ青銅器時代，鉄器時代と呼ばれるほどで，いかにこれら金属の利用，それを得る技術の確立が人類史における画期であったかを表している．

なお，CO の還元力を利用した金属の精錬については，第 9 章で導入したエリンガム図を用いると視覚的に理解できる．エリンガム図に示されているのは，様々な温度における酸化反応の起こりやすさ $\Delta_r G^\ominus$ の序列であった．2 つの反応の組を選んだとき，より下にある方が酸化を受け，より上にある方は還元を受ける．上記の CO の酸化による金属酸

3)　英語では bronze．オリンピックの銅メダルも正しくは青銅である．

化物の還元を考えるのであれば，

$$2\,CO(g) + O_2(g) \longrightarrow 2\,CO_2(g)$$

との比較を行えばよい．図 15.1 を見ると，確かに銅や鉄は CO による還元が容易であることが分かり，これらが古くから用いられたことも納

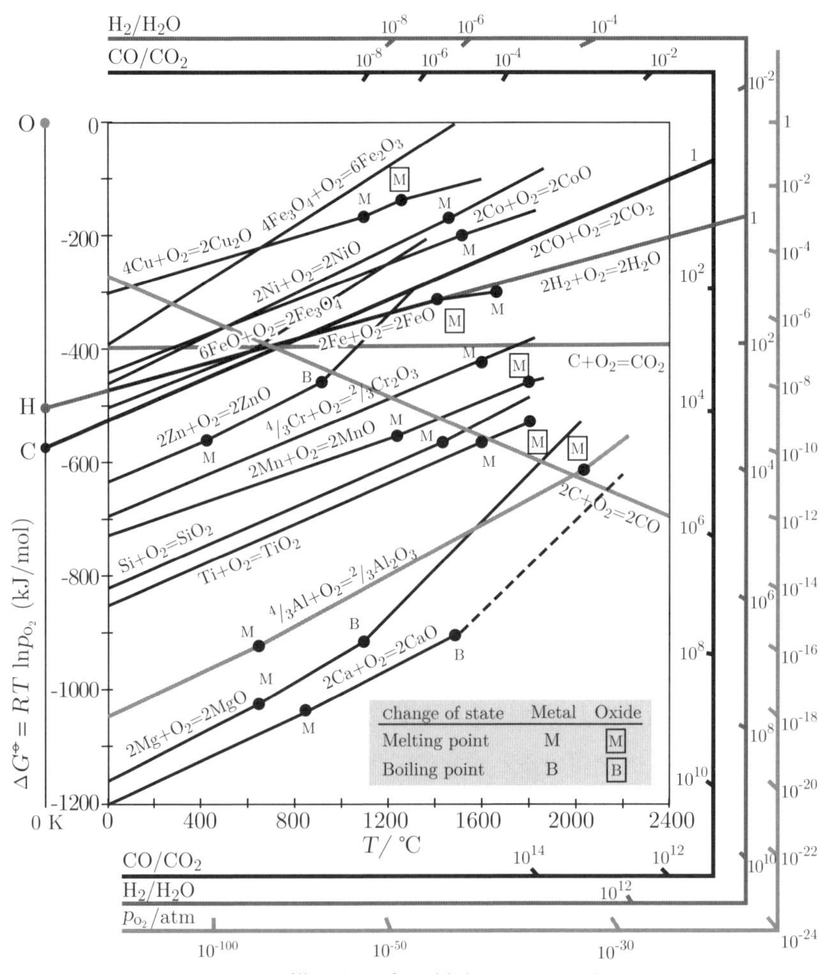

図 15.1　様々な元素に対するエリンガム図

得できよう.

15.1.4 産業革命とその余波

18 世紀半ばに同時多発的に起こった綿織物工業における技術革新，石炭を乾留して得られるコークスによる大規模な製鉄，効率のよい蒸気機関の発明によって，のちに産業革命と呼ばれる画期を人類は迎えた．産業革命によって経済は大きく発展し，その結果として急激な人口増加が起こった．人口増加に伴って農作物の増産も行われたが，土地はすぐに痩せ細り，19 世紀末の欧州は慢性的な食糧不足に陥っていた.

この危機の少し前，有機化学者の J. F. von Liebig (1803 – 1873) はこの問題の解決法を既に示している．植物の生育には窒素，リン酸，カリウムが必須であり，**化学肥料**として土壌におけるこれらの不足を補えばよいのである．しかしながら，窒素肥料の原料となる硝石 KNO_3 の供給に難点があった．硝石は水に溶けやすく，ドイツ，フランス，イギリスのような湿潤な地域では天然に産出しない．そこでチリ硝石 $NaNO_3$ の輸入に頼っていたが，硝石は火薬・爆薬の原料にもなることから，政情不安定な当時の欧州でその需要は逼迫していたのである．そこで考えられたのが，5.3 節で議論した空中窒素固定反応であり，当時最先端の化学熱力学や勃興期にあった速度論的な議論を駆使することで，土壌窒素の不足は見事に克服された．現在，地球総人口の半分以上は化学肥料によって支えられている．“分子の変化” に対する深い理解が，人類の危機を救った例であると言えよう.

15.1.5 感染症への対応

分子の変化に対する深い理解によって対処が可能になったもう 1 つの大きな問題として，感染症を挙げることができる．多くの人々が密集して暮らす都市化，離れた地域の人々が交流するグローバル化，これら文明の前提条件は，感染症の被害を増幅する条件でもある．文明の成立とともに感染症の歴史は始まり，多くの人々がその犠牲となってきた．

感染症への有力な対処法として，公衆衛生の向上やワクチンの開発に加え，特効薬と呼ばれる分子の発見および合成がある．マラリアに対するキニーネ，各種細菌に対するペニシリンをはじめとした抗生物質，結核に対するストレプトマイシンなど，これまでに様々な薬が開発され，感染症への対処を容易にしてきた．ほんの 100 年前なら，ペストやコレラ，新型コロナウイルスのような感染症でなくとも，ヒトは現在ならば問題にもならない感染症で亡くなっていたのである．

15.1.6 環境とエネルギーの問題

産業革命の余波のうち，食糧問題については空中窒素固定反応の実現によってその危機を脱することができた．しかし，産業革命によって始まった大規模な化石燃料の使用は大気中の CO_2 濃度の上昇を引き起こし，CO_2 が示す温室効果によって地球全体は温暖化しているとされる．またその一方で，化石燃料は太古の植物が太陽エネルギーから作った高エネルギー分子であり，無尽蔵に存在する訳ではない．

これらの問題は，CO_2 の排出を減らすにはどうしたらいいか，高エネルギー分子をどのようにして得るかということであり，両者ともに分子の変換に関わる問題である．そのように考えると，これらの問題の根本的な解決が可能であるとすれば，それは高度な分子変換プロセスの実現によるほかないと言えよう．もちろん現状では根本的な解決を可能とする技術は確立していないから，現在行われている CO_2 排出削減や省エネルギーへの取り組みが重要であることは言うまでもない．

15.2 人工光合成

CO_2 の排出を減らし，高エネルギー分子を得る方法として，すぐに思いつくのは光合成である．光合成は植物が既にやっているのだから大規模な植林も 1 つの考えである．しかしそれには広大な土地を緑地化せねばならず，また，木材は燃料として必ずしも使いやすいものではない．そこで考えられるのが，CO_2 から使いやすい高エネルギー分子を効率よく作ることのできる優れた分子システムを構築できないかということである．これを**人工光合成**と呼ぶ．以下で人工光合成についての基本的な考え方を紹介しよう．

15.2.1 人工光合成のエッセンス

13.3 節で見たように，光合成において光のエネルギーを高エネルギー分子に変換する起点となるのは，光吸収で分子に生じる電子と正孔である [図 15.2(b)]．エネルギーが高く（電極電位が低く）還元力の強い電子は，Ox_1 を Red_1 へ還元する．一方，エネルギーが低く（電極電位が高く）酸化力の強い正孔は，Red_2 を Ox_2 へ酸化する．

植物の光合成の電子伝達系において，光を吸収する分子はクロロフィ

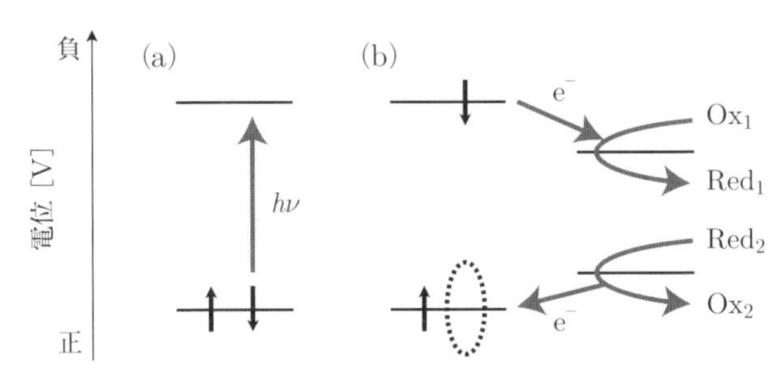

図 15.2　分子の光励起と励起分子が持つ酸化還元力（再掲）

ル a，還元される Ox_1 は $NADP^+$，酸化されて電子伝達系に電子を供給する Red_2 は H_2O であった．植物の光合成において CO_2 の還元は，カルビン回路と呼ばれる別の代謝経路で行われる．そのような複数の代謝経路からなる分子システムの構築は容易ではないから，光合成でいう電子伝達系の内部で CO_2 の還元を行うのが人工光合成で採用される基本的な考え方である．つまり，Ox_1 に CO_2 を用いる．Red_2 は H_2O のままでよいだろう．

表 15.1 に示したのは，人工光合成に関与する還元半反応に対する電極電位である．光吸収を担う色素として，(1) 太陽光の利用の観点から可視光を吸収し，(2) HOMO の電位が H_2O を酸化できるほど高く，(3) LUMO の電位が表 15.1 の望みの生成物のものより低い分子を採用すれば，人工光合成が実現できるはずだということになる．

表 15.1　人工光合成に関与する還元半反応と電極電位 (pH=7)

反応			$\mathcal{E}^{\ominus\prime}$ (V)
$CO_2 + 2\,H^+ + 2\,e^-$	$\rightleftharpoons$	$HCOOH$	−0.61
$CO_2 + 4\,H^+ + 4\,e^-$	$\rightleftharpoons$	$HCHO + H_2O$	−0.48
$CO_2 + 6\,H^+ + 6\,e^-$	$\rightleftharpoons$	$CH_3OH + H_2O$	−0.38
$CO_2 + 8\,H^+ + 8\,e^-$	$\rightleftharpoons$	$CH_4 + 2\,H_2O$	−0.24
$2\,CO_2 + 12\,H^+ + 12\,e^-$	$\rightleftharpoons$	$C_2H_4 + 4\,H_2O$	+0.06
$2\,CO_2 + 12\,H^+ + 12\,e^-$	$\rightleftharpoons$	$C_2H_5OH + 3\,H_2O$	+0.08
$O_2 + 4\,H^+ + 4\,e^-$	$\rightleftharpoons$	$2\,H_2O$	+0.82

15.2.2　人工光合成の難しさ

上記に挙げた 3 つの条件を満たす分子を用意することは必ずしも難しくない．しかしながら，それだけで実用的な人工光合成が実現されるわけではない．それは，上記の条件が熱力学的な要請のみを考慮したものであり，速度論的な要請——すなわち実際にそのような反応が速やかに起こるかという点が何ら考慮されていないためである．

熱力学的な要請は当然満たすものとして，速度論的な観点から考慮が必要なのは，表 15.1 に示された反応がいずれも分子間で複数の電子の移動を必要とする点である．光子 1 つの吸収によって色素分子に生成される電子正孔対は 1 つであるので，表 15.1 のような反応を実際に起こすには，十分速やかに連続して光子が吸収されなくてはならないが，必ずしも太陽光はそれほど強くない．そのように考えると，エチレン C_2H_4 やエタノール C_2H_5OH を作る反応などは，要求される光子エネルギーはそれほど大きくないが，2 つの CO_2 がタイミングよく色素近傍で出合った上で速やかに 12 電子が注入される必要がある．仮に運よくそのような条件が成立したとしても，活性化エネルギーが十分に低い反応経路が存在するかどうかも自明ではない．空中窒素固定反応のことを思い出せば，反応物をある場所につなぎ止めて反応を触媒するような場を設計することが必要であろう．

また，図 15.2(b) に示された電子正孔対は，互いにクーロン相互作用で引き合うために他の分子への移動が必ずしも容易でない点，また，その寿命は無限ではない点にも考慮が必要である．色素分子における電子正孔対の寿命は 10^{-9} 秒程度であるとされるから，その間に H_2O から電子を奪ったり，CO_2 へ電子を渡したりできなければ，電子と正孔は色素分子内で再結合してしまう．H_2O の酸化，CO_2 の還元という独立した反応を確実に行うためにも，電子と正孔は空間的に分離することが望ましい．

光合成の電子伝達系では，クロロフィル a から他の分子に電子を効率よく渡すために図 15.3 のような工夫がなされている．つまり，励起電子のエネルギー準位が少しずつ異なる分子を適切な順序で空間的に配置することで，電子を必要な領域に速やかに輸送する．結果として反応に使える電子のエネルギーは減少してしまうが，この点はZスキームによって克服される．

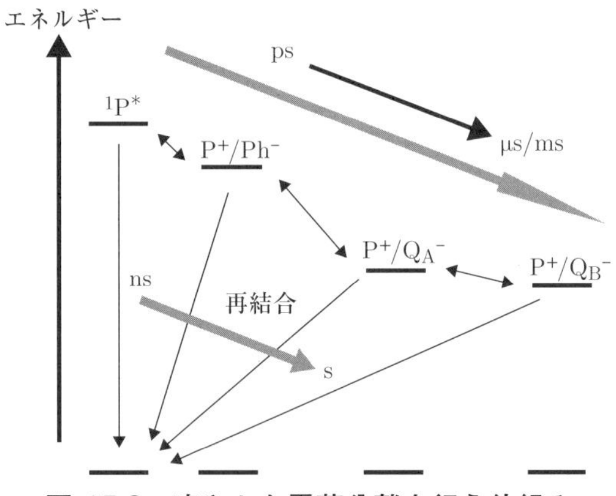

図 15.3　速やかな電荷分離を行う仕組み

15.2.3　半導体における光吸収と電荷分離

人工光合成の主眼は，光合成そのもののコピー系を作ることにはなく，光合成に匹敵する変換効率を持つシンプルな分子システムを構築することにある．光合成系における反応制御の仕組みを参考にしつつ，より優れた物質系があればそれを採用すればよい．そのような観点で注目されるのが**半導体**である．光によって励起された分子が強い酸化力・還元力を持つことができたのは，HOMOとLUMOの間にエネルギーギャップがあることによる．このようなエネルギーギャップを持つバルク物質として半導体がある．一般にバルク物質では，エネルギー準位は連続的なエネルギーバンドを形成するが，半導体の場合には被占バンドである**価電子帯**と空バンドである**伝導帯**の間に準位のない**エネルギーギャップ**

が存在する．この場合には分子の場合と同様に，光励起によって物質の酸化力および還元力はエネルギーギャップの分だけ強くなる．

半導体は電荷分離の面でもメリットがある．電子正孔対を結びつけるクーロンポテンシャル $V(r)$ は電子と正孔の距離を r として

$$V(r) = -\frac{e^2}{4\pi\epsilon_0\epsilon_\mathrm{r} r} \tag{15.7}$$

のように書ける．ここで e は素電荷，ϵ_0 は真空の誘電率，ϵ_r は電子や正孔が存在する媒質の比誘電率である．比誘電率は有機分子中ではおおよそ 2〜4 であるのに対して，半導体の Si では 12 程度，TiO_2 では 80 程度と大きな値となる．つまり，半導体中に生じた電子正孔対は，室温程度の熱エネルギーの注入があれば，お互いの束縛から逃れることが可能である．H_2O の酸化，CO_2 の還元を独立に行うという観点も考え合わせると，半導体を電極とした電池を作るとよさそうだということになる．電池が行う反応の全体は酸化還元であるが，酸化反応・還元反応は空間的に離れたアノード・カソードで別々に進行したからである．

15.2.4　本多・藤嶋効果

図 15.4 のように，半導体である TiO_2 を電極とした電池を構成することで，光による H_2O の分解が可能である．これを発見者の名前をとって**本多・藤嶋効果**[4] と呼ぶ．

図 15.5 には半導体の価電子帯および伝導帯と

$$\mathrm{O_2 + 4\,H^+ + 4\,e^- \rightleftharpoons 2\,H_2O} \tag{15.8}$$

$$\mathrm{4\,H^+ + 4\,e^- \rightleftharpoons 2\,H_2} \tag{15.9}$$

の標準電極電位が示されている．この図を見ると，本多と藤嶋の実験で

4)　本多健一 (1925–2011) と藤嶋昭 (1942–) によって見いだされた．

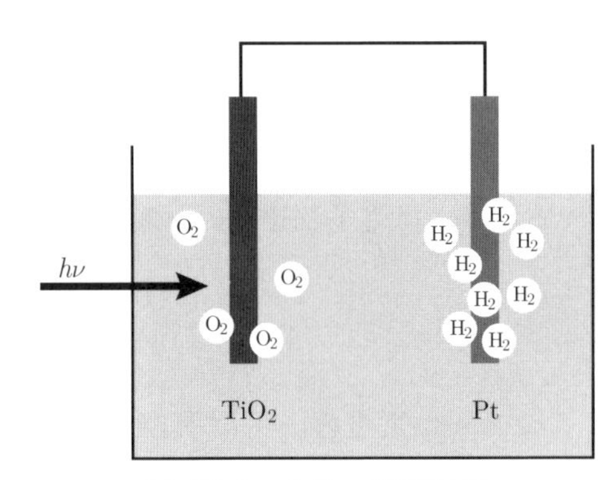

図 15.4　本多・藤嶋効果

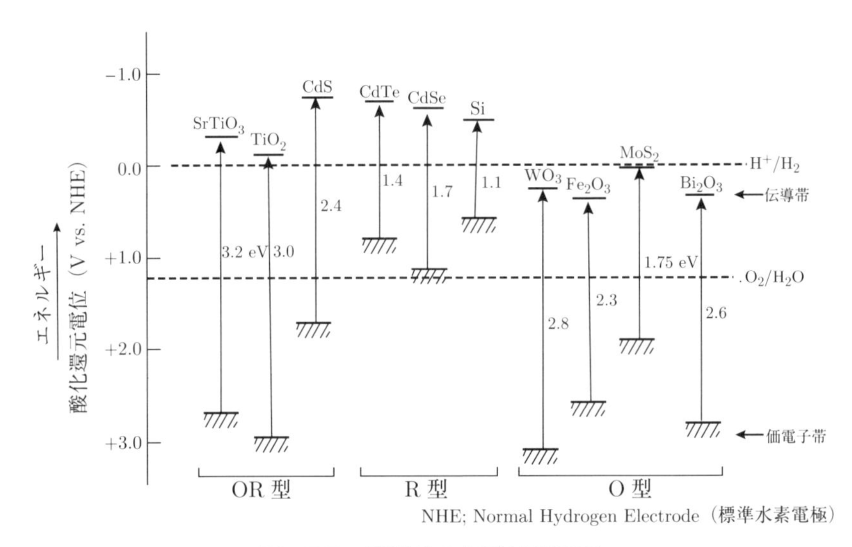

図 15.5　半導体の標準電極電位

用いられた TiO_2 は，価電子帯の上端が H_2O から電子を貰うのに十分高い電位 (+3.0 V)[5] を持ち，また，伝導帯の下端が水素発生のために電

---

5)　なお，エネルギー変換とは関係ないが，光照射によって TiO_2 の価電子帯に生じた空席すなわち正孔の電位 +3.0 V は，通常強い酸化剤として使われる塩素 (+1.36 V)，過マンガン酸カリウム (+1.70 V)，オゾン (+2.07 V) に比べても極めて高く，様々な化学物質の酸化分解に使えることにも注目したい．

子を与えられるよう 0.0 V より低い電位 (−0.2 V) にあることによって，酸素と水素の同時発生が可能となっている．なお，TiO_2 の伝導帯の下端は水素発生にギリギリの位置にあり，実は Pt 電極に −0.5 V 程度の外部バイアス電圧をかける必要があった．図 15.5 によれば $SrTiO_3$ であればより伝導帯の電位は低いが，実際電極に $SrTiO_3$ を用いれば，外部電圧をかけることなしに光による水素と酸素の発生が可能である．なお，図 15.5 における O 型は H_2O の酸化によって O_2 の発生が可能な半導体，R 型は H^+ の還元によって H_2 の発生が可能な半導体，OR 型はこれら両者が可能な半導体を意味している．

15.3　太陽電池

15.3.1　湿式光電池と色素増感

本多・藤嶋効果においては，TiO_2 から取り出した電流は対極での化学反応に用いられた．ここでもし対極において半導体電極における化学種生成の逆反応が起こったとすると，溶液の組成が変わることなく電気エネルギーだけを取り出すことができる．つまり，光エネルギーの電気エネルギーへの変換が可能となる．このような電池を再生型光電池と呼んで，前節のような光合成型光電池と区別することがある．

例えば，KI/I_2 アセトニトリル溶液などのヨウ素イオンを含む電解質溶液を用いると，TiO_2 の価電子帯上端と伝導帯下端の間に標準電極電位のある

$$I_3^- + 2\,e^- \rightleftharpoons 3\,I^-, \quad \mathcal{E}^{\ominus} = 0.535\ \mathrm{V} \tag{15.10}$$

の反応を用いて，再生型光電池を構成することができる．対極で I_3^- の還元反応が起こって $3\,I^-$ が生じるのに対して，TiO_2 の価電子帯上端では電子を受け取ることによって $3\,I^-$ の酸化反応が起こり I_3^- が生じる．

ところで，実用性を考えると，安価な光源として利用できるのは何と言っても太陽光であるが，TiO_2 のバンドギャップは 3.0 eV，つまり可視光の短波長端に相当し，必ずしも太陽光のスペクトルのうちエネルギー密度の高い波長域にあるとは言えない．しかしながら，物質としての安定性，汎用性およびコストの観点から TiO_2 に勝る素材は見当たらない．そこで考え出されたのが可視光を吸収する色素分子による増感である．図 15.6 にその概略を示した．TiO_2 のバンドギャップ内に HOMO を持ち，TiO_2 の伝導帯下端より上に LUMO を持ち，HOMO-LUMO ギャップが可視光に相当するような色素分子があったとすれば，図に沿って考えれば分かるように，まず色素の HOMO にあった電子可視光の照射により LUMO に励起され，速やかに TiO_2 に移動する．その後対極に運ばれた電子は I_3^- を還元して $3I^-$ を生じるが，$3I^-$ は色素分子の HOMO に空いた空席に電子を渡すこととなる．このようにして，TiO_2 のバンドギャップよりもエネルギーの低い光子による励起によって電流を取り出すことができる．このような光電池は**色素増感型太陽電池**と呼ばれる．また，発明者の名をとって**グレッツェル・セル**とも呼ばれる．

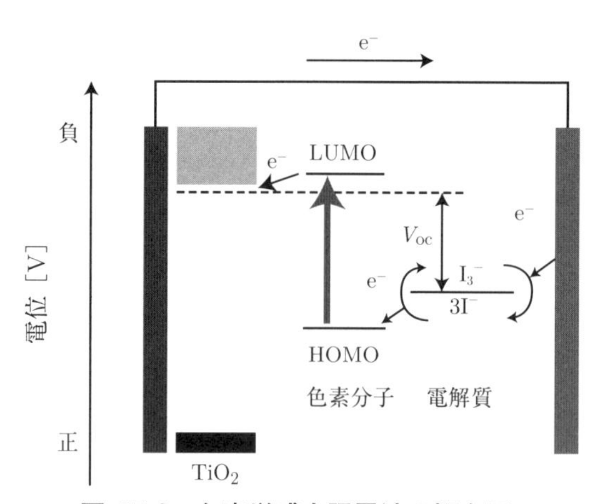

図 15.6　色素増感太陽電池の概念図

索引

●配列は，欧文はアルファベット順，和文は五十音順．

●た　行

●な　行

●は　行

●ま　行

●や　行

●ら　行

著者紹介

安池　智一（やすいけ・ともかず）

1973年　神奈川県横須賀市に生まれる
1995年　慶應義塾大学理工学部化学科卒業
1997年　慶應義塾大学大学院理工学研究科化学専攻前期博士課程修了
2000年　慶應義塾大学大学院理工学研究科化学専攻後期博士課程修了
博士（理学）
日本学術振興会特別研究員（PD），東京大学博士研究員，京都大学福井謙一記念研究センター博士研究員，分子科学研究所 助手・助教（総合研究大学院大学 助手・助教を兼任）を経て
2013年　放送大学教養学部准教授，京都大学 ESICB 拠点准教授
2018年　放送大学教養学部教授，京都大学 ESICB 拠点教授（現在に至る）
専門　理論分子科学
主な著書　『大学院講義物理化学 I（第2版）量子化学と分子分光学』東京化学同人（2013）
『初歩からの化学』放送大学教育振興会（2018）
『量子化学』放送大学教育振興会（2019）
『エントロピーからはじめる熱力学（改訂版）』放送大学教育振興会（2020）

放送大学教材　1760173-1-2311（テレビ）

分子の変化からみた世界

発　行　　2023年3月20日　第1刷
著　者　　安池智一
発行所　　一般財団法人　放送大学教育振興会
　　　　　〒105-0001　東京都港区虎ノ門1-14-1　郵政福祉琴平ビル
　　　　　電話　03（3502）2750

市販用は放送大学教材と同じ内容です。定価はカバーに表示してあります。
落丁本・乱丁本はお取り替えいたします。

Printed in Japan　ISBN978-4-595-32420-8　C1343